KB263887

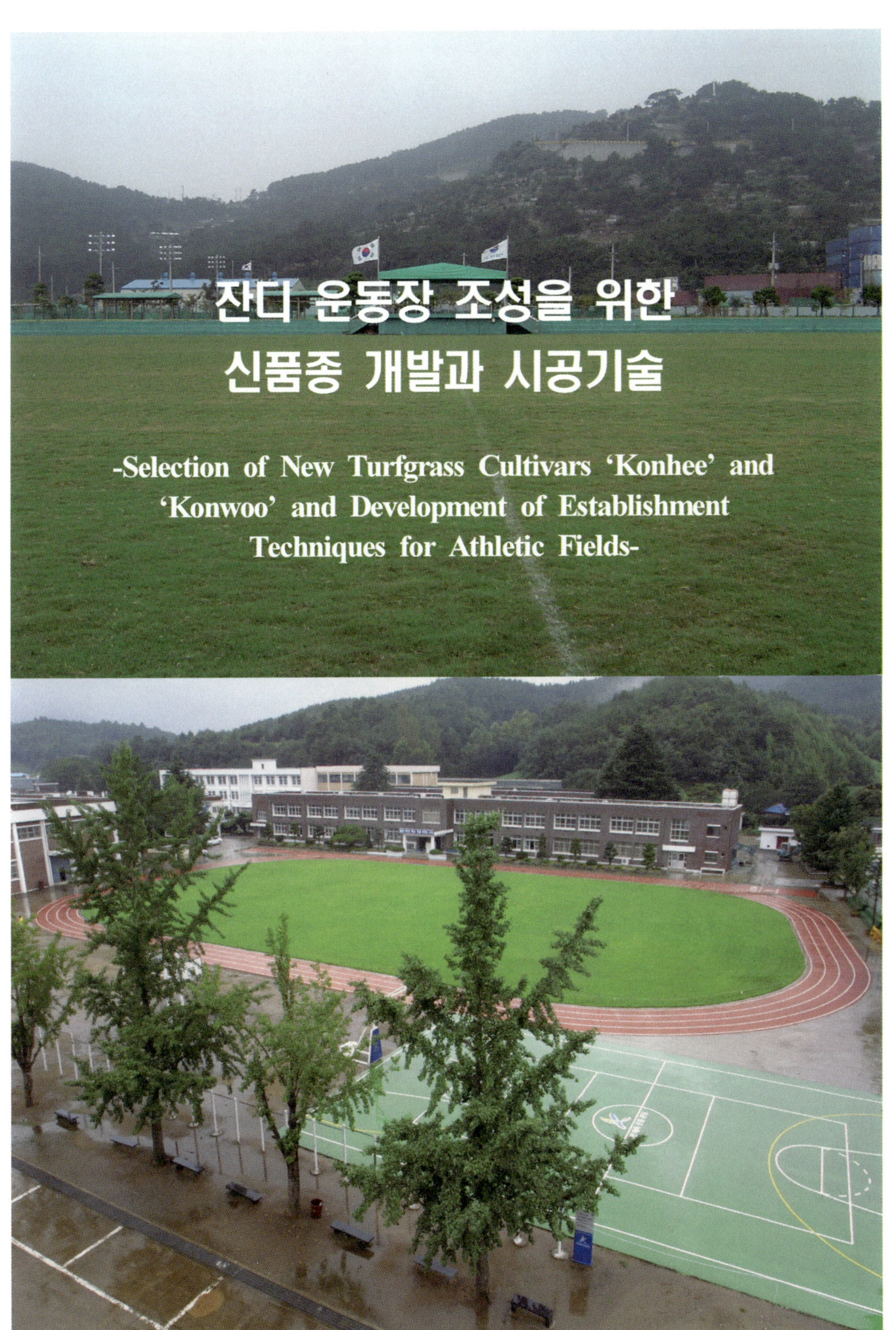

잔디 운동장 조성을 위한
신품종 개발과 시공기술
-Selection of New Turfgrass Cultivars 'Konhee' and 'Konwoo' and Development of Establishment Techniques for Athletic Fields-

잔디 운동장 조성을 위한 신품종 개발과 시공기술

-Selection of New Turfgrass Cultivars 'Konhee' and 'Konwoo' and Development of Establishment Techniques for Athletic Fields-

이 재 필 저

한국학술정보㈜

책 머리에

주 5일 근무제의 실시와 국민 소득의 향상으로 레저활동과 건강을 위한 잔디 레크레이션 공간의 수요가 폭발적으로 증가하고 있습니다. 그러나 천연잔디는 폭발적인 이용 수요와 유지관리가 어렵다는 편견 때문에 학교 및 공설운동장이 인조잔디로 대부분 조성되고 있습니다.

인조잔디구장은 잦은 이용과 유지관리비가 적다는 장점이 있지만 천연잔디와 달리 도심의 녹지환경 개선에 도움이 되지 못하고 오히려 도심 열섬 현상의 원인이 될 수 있습니다. 이는 인조잔디가 천연잔디보다 빗물의 땅속 투수성이나 온도 저감효과 낮고 및 공기 정화효과가 전혀 없기 때문입니다.

그럼에도 불구하고 인조잔디구장이 증가하는 현실은 잔디 전문가로서 매우 안타깝습니다. 그러나 미국, 유럽, 일본 등의 선진국에서 경험하였듯이 우리나라도 머지않아 천연잔디의 필요성과 우월성을 인식하고 인조잔디 구장이 천연잔디 구장으로 교체되는 시기가 올 것이라 확신합니다.

본 서적은 천연잔디 운동장의 보급 활성화를 위하여 경제적인 잔디 운동장의 시공과 그에 적합한 잔디 품종을 개발하고자 하였습니다. 본 서적의 연구 내용은 천연잔디 운동장의 모든 단점을 극복할 수 없으나 단점을 개선할 수 있는 또 하나의 대안이 될 것입니다.

선진국은 어디를 가든지 녹색 잔디 운동장과 정원, 공원 등을 이용할 수 있습니다. 우리나라는 왜 그렇게 되지 않는 것일까요. 이는 잔디를 쉽게 접하기 어렵기 때문에 맨땅 운동장이나 광장이 잔디로 조성되면 많은 사람들이 집중적으로 이용하기 때문입니다.

　이제 잔디에 대한 고정 관념을 바꾸시기를 바랍니다. “잔디밭에 들어가지 마시오” 대신 “잔디의 생육 시작기인 봄을 제외하고 언제든지 잔디밭을 이용하세요” 서울 시청 앞 광장을 보세요. 잔디가 잘 유지되고 있지 않습니까? “잔디가 손상되거나 죽으면 새로운 것으로 교체하면 되지” 하는 관리 전략을 세웠기 때문입니다. 네덜란드의 축구 전용구장은 1년에 4회 이상 잔디를 교체합니다. 이는 축구선수들에게 우수한 경기력과 축구장을 찾아오는 관람객들에게 최고의 시각적 서비스를 제공하기 위해서입니다. 우리나라는 잔디밭을 많이 이용하려고 하면서 관리는 제대로 하지 않았기 때문에 이용이 항시 제한되었습니다. 잔디를 많이 사용하고자 한다면 잔디의 생리 생태적 특성을 고려한 잔디관리를 해야 합니다.

　잔디와 관련된 궁금한 사항이 있으시면 언제든지 전화를 주십시오. 잔디 운동장에서 자유롭게 뛰놀며, 공차며, 썬텐하며, 책 읽으며, 천연잔디의 효과를 즐기는 시민들을 상상하며 ……

2006년 4월

농학박사 이재필

[목 차]

제5장 기능성 잔디 운동장 조성을 위한 한국잔디류의 혼식(MLD)기술 ·········· 73

[그림 목차]

제1장 종합 서론

1.1. 연구의 필요성

1.1.1 스포츠형 녹지 공간의 부족

최근 우리나라에 시행되고 있는 주 5일 근무제의 시행으로 여가활동을 위한 스포츠형 레저공간의 수요가 증가되고 있다(김, 2002; 장 등, 1999). 1999년 우리나라 도시공원 면적은 268.13㎢로, 1인당 면적이 6.46㎡로 미국, 유럽, 일본 등에 비하여 상당히 부족한 실정이다. 서울시의 경우 녹색도시 조성, 한강 녹지벨트 조성 및 조경수 1,000만 그루 식재 운동을 추진하며 녹지 공간을 늘리고 있다. 그러나 이러한 정책들이 효과적으로 추진되기 위해 많은 토지 매입자금과 조성자금이 필요하며 조성 후에도 산책, 휴식 등 소극적 여가생활을 위한 공간으로 다양한 스포츠형 레저 욕구를 충족시키지 못할 것으로 판단된다. 만일 부족한 스포츠형 녹지 공간을 확보하기 위해 지역소재 학교와 공설운동장에 잔디를 조성한다면 증가하는 다양한 여가활동 욕구를 만족시킬 수 있을 것이다(김 등, 1999a).

맨땅 학교 운동장을 잔디로 조성하면 도심의 부족한 녹지 공간 확보가 용이

1.1.2 광엽형 한국잔디류인 들잔디 운동장의 단점 개선

우리나라에 자생하고 많이 사용되는 광엽형(廣葉形, broad leaf type, 엽폭이 5.0mm 이상) 한국잔디류인 들잔디(*Zoysia japonica* Steud.)는 내마모성(耐磨耗性), 내척박성(耐瘠薄性), 내한성(耐寒性), 내건성(耐乾性), 내서성(耐暑性)이 강하고 관리가 용이하여 공원, 정원, 골프장 및 도로사면 등의 조경 녹화용 잔디로 널리 이용되고 있다(Burton, 1951; Beard, 1973; Yeam 등, 1980; Zontek, 1983; Duble, 1989; Emmons, 1995). 그러나 들잔디는 한지형 잔디에 비해 이용 후 회복속도가 느려 많은 경기를 소화해 내기 어렵고, 우리나라 기후하에서 녹색기간이 짧아 이용시기가 제한되며, 잔디가 거칠어 슬라이딩과 태클 시 선수들에게 부상의 위험이 있고, 연녹색으로 아름다운 무늬를 내기 어려운 단점이 있어 운동장 잔디로서 사용하는 데 한계가 있다(Football League, 1989; Baker, 1993; Ruemmele, 1993; Samudio, 1996; Zontek, 1983; 이 등 1999). 특히 겨울 휴면기(休眠期) 내마모성 감소는 맨땅(裸地)화의 주원인이며 잔디 운동장에 대한 부정적인 요소로 작용하고 있다(정, 2000). 따라서 한국잔디류인 들잔디로 조성된 운동장의 단점을 개선하고 이용효율 향상을 위한 운동장용 한국잔디의 개발에 관한 연구가 필요하다.

한국잔디가 겨울철 휴면시 집중적으로 이용하면 맨땅화되기 쉽다.

1.1.3. 운동장용 잔디의 수요 증가

1999년 한국잔디류 재배 면적은 전국적으로 약 2천 6백만 ㎡ 이상으로 미국 플로리다 주 잔디 생산 면적인 1억 8천 6백만 ㎡에 비해 1/7수준으로 추정된다(Hodes, 1994; 이 등, 2001a). 재배된 광엽(廣葉)과 중엽(中葉)형 한국잔디가 100% 유통된다는 가정을 할 때, 뗏장의 연간 시장규모는 약 800억 원 (도매가 10,000원/평) 이상으로 매년 수요가 증가하고 있다(최 등, 2001; 미성 잔디영농법인, 2001; 부록 9.1). 그러나 우리나라에 재배되는 광엽과 중엽형 (中葉形, medium leaf type, 엽폭이 3.0∼4.9mm) 한국잔디류는 용도별 구분 없이 동일한 가격으로 유통되고 있다. 이러한 시장환경은 신품종 잔디 개발과 보급에 대한 연구가 부족한 원인으로 판단되며 다양한 선택을 원하는 소비자들의 욕구에 부흥하지 못하는 기존 광엽형 한국잔디류는 시장에서 경쟁력이 떨어지고 과잉 생산될 경우 농민들의 피해가 예상된다. 반면 미국, 유럽 등의 선진국에서는 제초제 또는 병 저항성, 내한성, 내서성, 내염성 등을 지닌 기능성 잔디 품종의 개발과 운동장 조성지역과 종류 및 관리 수준에 따른 다양한 운동장용 잔디가 유통되고 있다. 따라서 변화하는 세계시장 환경과 증가하는 기능성 잔디에 대한 수요에 대비하기 위해 우리나라 환경에 적합한 운동장용 잔디 품종에 대한 연구개발이 필요하다.

광엽형 한국잔디 생산을 위해 논과 밭에 잔디가 식재되어 있는 전남 장성군 삼서면

1.1.4. 잔디 운동장의 시공 및 관리비 부족

기존 잔디 조성(造成, establishment, 지반을 제외한 잔디 식재 공정을 의미) 기술은 잔디의 채취에서 조성까지 과정이 복잡하고, 기계화 시공이 부분적으로 가능하며, 조성기간이 길고, 시공(施工, construction, 지반 조성 및 잔디 식재 공정을 포함한 의미)비용이 운동장 1면 당 5천만 원~5억 원으로 비싼 단점이 있다. 기계화 시공을 위해 ZN공법(Zoysia net), 씨드 벨트(seed belt), 유공 씨드 벨트(punched seed belt) 등의 기술이 이용되고 있으나 시공을 위한 전 과정이 복잡하여 이용이 제한되고 있는 실정이다(오 등, 2001; 부록 9.2). 또한 잔디 조성기간을 줄이기 위해 롤(roll)잔디 식재를 하면 한 달 후 운동장 이용이 가능하나 식재 비용이 1억 5천만 원(3,000평 기준)으로 비싼 실정이다. 이러한 비싼 시공비용은 잔디 운동장 조성 사업의 활성화에 장해가 되고 있다.

우리나라의 잔디 운동장 관리비는 외국과 비교할 때 매우 부족한 실정이다(Christians, 1998). 한지형 잔디로 조성된 월드컵 축구 경기장의 평균 관리비는 1면당 8천~1억 원 내외로 높으나, 한국잔디로 조성된 공설운동장은 5천만 원(인건비 포함) 이하이며 관리장비 역시 부족하여 최소한의 관리를 하고 있는 실정이다(이 등, 2001a). 특히 학교 잔디 운동장의 경우 순수 재료비

외 관리비가 거의 없으며 식재되어 있는 들잔디는 관리요구도가 낮은 것으로 인식이 되어 깎기, 관수 및 시비 등 최소한의 관리로 잔디 생육이 불량하여 이용을 제한하고 있는 실정이다(김 등, 1999; 藤崎, 1998; 정, 2000). 따라서 우리나라 지방자치단체와 학교의 잔디 운동장 조성과 관리 예산을 고려할 때 경제적이고 기능적인 잔디 조성기술이 개발되어야 할 것이다.

한강 고수부지 내 잔디 운동장은 토양의 고결화로 맨땅화가 진행

전문적이고 체계적인 관리와 이용 계획을 수립하여
년간 관리비가 1,000만 원 정도로 잘 관리되는 있는 학교
운동장(서울 송파구 신천동에 소재한 잠실 고등학교)

1.1.5. 잔디 관련 시장규모의 증가

우리나라 잔디 관련 산업은 국제대회 유치와 사회 간접자본 투자의 증가로 잔디 시공기술과 관리 규모를 포함한 다양성 측면에서 한 단계 성장되었다(김, 1991; 주, 1991). 특히 골프 대중화 선언과 국내외 대회에서 골프 선수들의 우승에 따른 국민 의식의 전환이 잔디 관련 산업 발전의 계기가 되고 있다(이 등, 1995; 골프장 경영과 정보, 2001).

국내 잔디 시장규모는 잔디생산 판매가 2,000억 원, 시공이 500억 원, 자재, 비료 및 농약이 1,800억 원, 관리와 자문 비용이 1,600억 원을 포함하여 연간 총 6천 5백억 원에 달하는 것으로 추정된다(이 등, 2001; 부록 9.3). 반면 미국의 잔디 시장규모는 약 30조원으로 우리나라의 40배 이상으로 추정된다(Richard 등, 1992).

잔디 산업구조에서 소비활동에 해당하는 골프산업에 대하여 한달삼(2001)은 15조 원대의 골프장 규모(회원권 시장, 매출액 등), 2조원 대에 이르는 용품시장, 연간 2,000억 원에 달하는 관광수입 등 거대 시장을 형성하고 있다고 보고하고 이 같은 고부가 가치업종에 대한 활성화가 장기적으로 국익과도 직결된다고 하였다.

우리나라의 잔디산업 환경은 분야별 선도 업체가 출현하여 잔디산업이 점차 안정화되고 있다(이 등, 2001a). 향후 잔디 관련 시장은 국민 GNP 성장과 비례하여 스포츠형 녹지 공간 조성, 관리 및 운영에 관련된 분야가 지속해서 성장할 것으로 판단된다(김, 2002). 따라서 개방화와 세계화의 물결 속에서 잔디 관련 산업의 경쟁력을 높이기 위한 기능성 잔디의 개발, 경제적인 조성 및 운영에 관한 연구가 수행되어야 할 것이다.

국내에서 잔디 분야의 새로운 시장(블루오션)인 한지형 잔디 시장

1.2. 연구의 목적

학교와 공설운동장에 잔디 운동장 조성은 학교 환경개선, 지역 주민의 교화 및 스포츠형 레크리에이션 활동의 구심적 역할을 할 수 있다(김 등, 1993). 특히 유소년(幼少年) 축구팀의 경우 잔디 운동장에서 연습과 경기를 하기 어려운 실정으로 잔디 운동장 조성이 확대되면 학생들의 체육활동과 유소년 축구 발전을 위한 인프라도 구축할 수 있을 것이다(신, 1999). 이러한 대내외적 추세에 부응하여 국내 잔디 운동장 조성에 대한 관심이 증가하고 있으며 국가사업으로 국민체육진흥공단, 지방자치단체, 축구협회 등에서 적극 지원하고 있다.

그러나 스포츠용 잔디 운동장에 대한 증가하는 수요와 달리 자유로운 이용, 관리의 편의, 경제적 이유 등으로 우리나라 운동장의 대부분이 맨땅으로 되어 있는 실정이다. 또한 기존에 조성된 들잔디 운동장의 경우도 잔디 조성 시 이용 후 회복속도가 느려 이용 횟수와 시기가 제한되어 제 기능을 못하고 있는 실정이다. 특히 잔디 운동장 조성 시 잔디 종류의 선택, 지반종류, 시공과 관리 기술 및 이용 계획 등에 대한 전문성 부족으로 많은 어려움을 겪고 있는 실정이다.

　따라서 본 연구의 목적은 레크리에이션 활동의 기본이 되는 국내 광엽형 한국잔디류인 들잔디 운동장의 단점을 개선하고 경제적인 잔디 운동장의 조성을 위하여 잔디 운동장 조성에 적합한 난지형 잔디 신품종의 개발과 경제적이고 기능적인 잔디 운동장 시공기술을 개발하고자 하였다.

국민체육진흥공단의 지원으로 조성된 학교 잔디 운동장

1.3. 연구의 내용 및 범위

　본 연구는 광엽형 한국잔디류인 들잔디로 조성된 운동장의 단점을 개선하고 경제적인 잔디 운동장의 조성을 위하여 운동장에 적합한 신품종 잔디의 개발과 경제적이고 기능적인 잔디 운동장 시공기술을 개발하고자 하였다.

　들잔디의 느린 회복속도, 거친 품질, 휴면기 내마모성 감소 등의 단점을 개선하기 위하여 국내외에서 많은 계통의 잔디를 수집, 교배 및 평가하여 '건희'와 '건우'를 선발하였다. 개발된 품종의 특성을 분석하기 위해 기존에 많이 이용되고 있는 잔디와 형태적, 분자생물학적 특성 및 내한성을 비교 분석하였다.

 기능성 잔디 운동장 조성을 위해 생육특성이 다른 두 계통의 포복경(匍腹莖, stolon)을 혼합하여 조성하는 혼식기술(混植, Mixed Line Dressing, MLD)에 대하여 연구하였다. 혼식기술 개발을 위하여 적합한 혼식 품종의 선택, 혼식비율, 혼식 후 잔디면 품질, 조성속도, 밀도, 질감, 휴면시기 및 휴면색(colour during dormancy) 등을 조사하였다. 또한 경제적인 잔디 운동장 조성을 위하여 버뮤다그래스(bermudagrass, *Cynodon dactylon* L. Pers.)로 조성된 잔디면의 깎기 시 나오는 잎(刈芝物, clippings)을 재활용하는 잎줄기 드레싱 기술(Leaf and Stem Dressing, LSD)을 개발하였다. 잎줄기 드레싱 기술 개발을 위하여 잔디 깎기 시 나오는 잎줄기의 재활용 가능성, 수확과 보관 방법, 절단 길이, 식재량, 식재 깊이, 시공비용 등을 비교 분석하였다. 특히 잎줄기 드레싱 시공 시 내한성이 약해지는 문제를 극복하기 위해 퍼레니얼 라이그래스(perennial ryegrass, PR)의 덧파종(overseeding)이 버뮤다그래스의 내한성 향상에 미치는 영향을 분석하였다.

 이상의 과정으로 국내 운동장에 적합한 잔디와 경제적 조성기술을 개발하고자 하였으나 본 연구에서는 스트레스, 토양, 기후, 식재 시기 등에 따른 신품종 잔디의 생리적 특성과 조성기술에 미치는 영향에 대한 연구가 수행되지 못하였다. 또한 연구 결과의 실용적 활용도를 높이기 위해 고급 경기장보다는 시공과 관리 예산이 부족한 학교와 공설운동장, 기타 보조 운동장 등에 적합한 잔디와 시공기술을 개발하는 것을 연구의 범위로 정하였다. 이는 우리나라 기후 환경에서 나타나는 한지형 또는 난지형 잔디의 단점을 개선하기 위해 고급 경기장의 경우 모래지반, 완벽한 관배수 시스템, 필요시 롤 잔디 교체, 적기 병해충 관리 및 이용 계획에 따른 운동장 개방 등 많은 투자로 우수한 잔디 운동장을 유지하고 있기 때문이다.

 이상의 연구내용을 수행하기 위한 연구방법은 각 장에서 자세하게 기술하였으며 연구내용을 요약하면 다음과 같다.

 1) 광엽형 한국잔디류인 들잔디의 품질과 휴면기 내마모성 향상을 위한 고품질, 고밀도 잔디 개발

2) 운동장용 잔디로서 한국잔디의 느린 회복속도를 개선하기 위한 국내 적응성 버뮤다그래스 잔디 개발

3) 한국잔디의 장점을 극대화하고 짧은 녹색기간, 휴면기 내마모성, 느린 회복속도 등의 단점을 보완하는 기능성 잔디 운동장 조성을 위한 혼식기술의 개발

4) 경제적 잔디 시공 기술개발을 위해 개발된 신품종 버뮤다그래스의 잎 줄기를 이용한 시공기술 개발

본 연구를 통해 개발된 품종과 시공기술은 국민체육진흥공단, 대한축구협회, 각지방자치단체, 각급 학교, 조기 축구회, 축구교실 등에서 추진하는 국내 잔디 운동장 조성사업에 크게 기여할 것이다.

1.4. 연구의 진행과정

국내 잔디 운동장의 경제적인 조성과 관리 및 자유로운 이용을 위하여 기존에 조성된 광엽형 한국잔디류 운동장의 문제점을 분석하였다. 도출된 문제점을 해결하기 위한 방안으로 운동장용 잔디 신품종 개발과 경제적이고 기능적인 잔디 시공기술을 개발하고자 하였다. 본 연구의 진행과정은 다음과 같다.

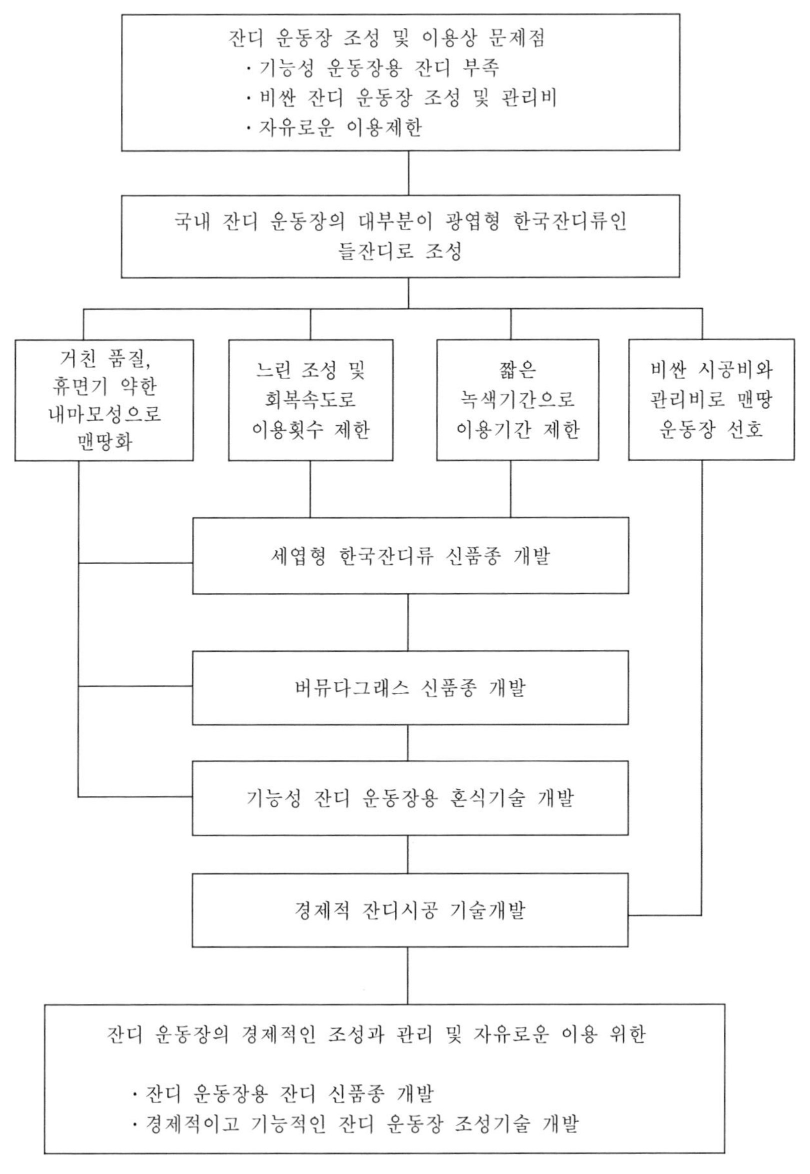

주) 제3장: 운동장용 세엽 한국잔디류 신품종 '건희' 개발
　　 제4장: 우리나라 환경에 적합한 운동장용 버뮤다그래스 신품종 '건우' 개발
　　 제5장: 기능성 잔디 운동장 조성을 위한 한국잔디류의 혼식(MLD)기술
　　 제6장: 경제적 잔디 운동장 조성을 위한 '건우'의 잎줄기 드레싱(LSD) 기술

제2장 종합 연구사

국내 운동장은 맨땅이거나 자유로운 이용을 제한하는 들잔디로 대부분 조성되어 학생과 지역주민의 교육적, 정서적 기능뿐만 아니라 교화의 장소로서의 역할을 못하고 있다(김 등, 1993). 맨땅운동장을 잔디 운동장으로 조성하기 위해서는 기후환경, 잔디 종류, 토양의 형태, 토양 개량, 이용횟수, 잔디 식재 방법, 관배수 시설, 시공 및 관리비용 등 다양한 변수들을 고려하여야 하며, 과학적이고 정확한 설계 및 시방서에 맞게 시공되어야 한다(김 등, 2001; 부록 9.14, 9.15, 9.16, 9.17).

국내 잔디 운동장의 경제적인 조성과 관리 및 자유로운 이용을 위해 수행된 기존의 연구결과는 다음과 같다.

2.1. 잔디 운동장의 현황 및 문제점

우리나라 초·중·고등 학교 운동장은 10,345개로 그중 잔디 운동장은 128(1.2%)개로 매우 부족한 실정이다(김 등, 1999; 표 1). 이는 잔디 운동장 조성과 관리비용이 부족하고 자유로운 이용에 대해 부정적인 생각이 보편화되어 있기 때문이다.

잔디 운동장 시공과 관리를 위한 경비조달은 학교 발전기금, 학교 출신 동문, 학부모, 지역 대기업, 조기축구회와 공동 조성 또는 이용료 징수, 주변 골프장의 협조, 국민체육진흥공단 등의 지원에 의존하여 한계가 있는 실정이다. 이는 잔디 운동장 조성사업의 활성화에 장해요인이므로 경제적 잔디 조성과 관리에 대한 연구가 절실히 필요하다.

Table 1. Present status of school turf ground in Korea(Lee et al, 1999).

Items	Elementary school	Middle school	High school	Total	Remark
Voluntary Fund	34	40	38	112	
Supported Fund	8	4	4	16	
No. of turf ground	42(0.7%)	44(1.6%)	42(2.2%)	128(1.2%)	
Total Schools	5,688	2,736	1,921	10,345	School of handicap 3

반면 우리나라에 조성된 종합운동장 중에서 잔디 운동장의 수는 1983년 프로축구의 출범과 함께 증가되어 왔으며 건설 중인 축구전용구장과 다목적 구장을 포함하여 1999년 현재 총 187개이며, 이중 115개가 잔디 운동장으로 학교 운동장에 비해 잔디 운동장 조성 비율이 비교적 높은 편이다(정, 2000; 부록 9.4). 그러나 각종 체육대회, 콘서트, 연설회 등에 개방되는 맨땅 운동장과 달리 잔디 운동장은 일반인은 물론 유소년, 청소년 축구선수들에 조차도 이용이 제한되고 있다.

따라서 자유로운 잔디 운동장 이용을 위하여 적합한 잔디지반, 잔디종류 및 관리 등에 관한 연구가 수행되어야 할 것이다.

국민체육진흥공단의 지원으로 조성된 공설운동장(한지형 잔디)

2.2. 운동장용 잔디

2.2.1. 운동장용 잔디의 특징

각종 운동장용 잔디는 공원, 정원, 묘지, 매립지, 도로사면 녹화 등에 이용되는 잔디와 달리 1) 이용 후 빠른 회복력(回復力, recoverage), 2) 집중적 사용에도 강한 내마모성(耐磨耗性, wear tolerance), 3) 부상을 감소시킬 수 있는 탄력성, 4) 운동 중에 쉽게 뽑혀나지 않는 깊은 근계(根系, root system), 6) 긴 녹색기간의 유지, 5) 낮은 관리 요구도 등을 가지고 있어야 한다((Burton, 1951; Beard, 1973; Emmons, 1995; 주, 2000). 이러한 특징들은 비료 시비량과 시기, 깎기 높이와 시기, 배토(培土, topdressing), 에어레이션(穿孔作業, aeration) 등의 관리적인 방법으로 일부 해결할 수 있다.

그러나 운동장 잔디로 주로 사용되는 한국잔디와 버뮤다그래스 및 한지형 잔디 중에서 우리나라와 같이 극한과 극서의 기후가 교차하는 환경에 잘 적응하는 스포츠용 잔디 품종은 아직 없는 실정이다(김 등, 1999; 구 등, 2003). 한국잔디는 여름철 장마기 생육이 왕성하지만 동절기 휴면에 들어가기 때문에 내마모성이 급격히 감소한다. 반면 한지형 잔디는 봄과 가을에 최적의 생육을 보이기는 하지만 고온 다습한 여름철에 생육이 감소하는 하고현상(夏枯現狀, summer depression)의 피해를 입는 단점이 있다. 또한 우리나라의 기후 조건에서 겨울철 한지형 잔디 운동장의 사용은 제한되는데 이는 온도가 0℃ 이하로 떨어지면 잔디 잎이 얼어 사용 후 치명적 손상으로 회복이 어렵기 때문이다(이 등, 2001). 이처럼 기존의 한지형과 난지형 잔디류는 시공비와 관리비용이 부족한 국내 학교 및 공설운동장에 각각 적합하지 않은 단점을 지니고 있다.

따라서 우리나라의 기후 조건에 적합한 잔디 품종의 개발과 잔디 시공 및 관리기술 등에 관한 연구가 절실하다.

축구화에 의해 손상될 경우 회복이 느린 한국잔디 운동장
(축구 경기 시합 직후)

2.2.2. 우리나라의 운동장용 잔디

우리나라의 운동장용 잔디는 한국잔디류가 주로 이용되고 있다(표 2). 이는 한국잔디류는 한지형 잔디보다 지반 시공비용이 저렴하며, 유지관리비가 적고, 쉽게 관리할 수 있기 때문이다. 반면 잔디 조성과 휴면기간이 길며, 회복속도가 느려 잔디 운동장 이용이 제한되는 단점이 있다. 또한 겨울 휴면기에 이용 시 내마모성이 급속히 감소하여 맨땅화 된다(김, 1991; 정, 2000; 구 등 2003).

최근 2002년 월드컵 대회 개최를 계기로 국내에 조성되는 잔디 운동장은 스포츠형인 한지형 잔디가 많이 이용되고 있다. 한지형 잔디는 질감이 좋고, 회복속도가 빠르며, 연중 생육기간이 길어 운동장 사용기간을 연장할 수 있는 장점이 있기 때문이다. 그러나 우리나라 기후조건에서 한지형 잔디로 우수한 잔디 운동장을 조성과 관리하기 위해 완벽한 배수시설과 관수시설 및 전문적인 관리 기술이 필요하다(Emmons, 1995; Krnas 등, 1999, 권 등, 1998; 김 등, 1998a, b;

김 등, 1999b). 서울 상암 월드컵 경기장의 경우 스탠드, 지붕 등 구조물로 인한 광 부족과 내서성을 고려하여 단일 품종의 켄터키 블루그래스(kentucky bluegrass, KB)를 100%를 사용하였다(부록 9.5).

Table 2. Turfgrass varieties used for school turf in Korea(Lee et al, 1999).

Items	Species			
	Zoysiagrass	Cool-season grass	Bermudagrass	Sum
Non-sponsored fund	16	3	2	21
Sponsored fund	6	1	0	7
Total	22	4	2	28

따라서 우리나라에 이용되고 있는 운동장용 잔디의 단점을 줄이기 위해 회복속도가 빠른 중세엽형의 한국잔디와 우리나라 환경에 적합한 운동장용 버뮤다그래스 등을 개발하고, 하고현상의 피해가 적고 낮은 관리형인 한지형 잔디의 종류와 혼파(混播, mixture) 조합 및 관리기술에 대한 연구가 필요하다.

한국잔디로 조성된 서울체육고등학교(서울 송파구 방이동)

2.3. 고품질 및 휴면기 내마모성

운동장용 잔디로서 한국잔디의 거친 품질을 개선하기 위한 육종연구에서 Hong 등(1985), 유 등(1974), 김 등(1996), 이 등(1997)과 양(2000)은 한국잔디류의 수집계통과 종간 교배 계통들의 형태적 특성들의 변이를 조사·평가한 결과 초장(草長), 엽장(葉長), 엽폭(葉幅), 엽색(葉色)도 등에서 큰 변이 폭을 나타내어 육종전략에 따라 고품질, 조성속도가 빠른 계통, 겨울 휴면이 짧은 계통 및 다수확 계통을 개발할 수 있다고 하였다. Halsey(1956), Beard(1973), Forbes 등(1955)과 Forbes 등(1955)은 환경적응성이 강한 'Meyer', 'Z-27(Sunburst)', 'Belair', 'El Toro', 'Midwest' 등 많은 품종을 선발하였으며, 최근에는 광엽형 한국잔디류 계통들인 'Z11', 'SR9000', 'SR9100', 'FLR800', 'FLR900', 'PZ1', 'Compatibility' 등이 품종으로 보급되어 미국에서 이용되고 있다고 하였다 (Taliaferro 등, 1993). 또한 주 등(1997a)은 국외에서 개발된 품질이 우수하고 생육속도가 빠른 한국잔디 15개 계통들이 미국 NTEP(National Turfgrass Evaluation Program)에서 평가되고 있다고 보고하였다(부록 9.6). 그러나 한국잔디류는 토양에 따른 형태적, 생리적 생육 특성이 다르므로 이들 품종을 국내에 이용하기 위해 토양 적응성, 지역별 적응성 등에 대한 연구가 선행되어야 할 것이다.

한국잔디류의 휴면기 내마모성에 대해 정(2000)은 한국잔디로 조성된 운동장은 겨울 휴면기 급격한 내마모성의 감소가 맨땅화의 주 요인으로 보고하였다. 지금까지 휴면기 내마모성 향상에 대한 연구는 많지 않으며, 생육기(生育期, growing season) 한국잔디류의 내마모성 강화를 위해 김 등은(2002b) 배토용 재료로 폐타이어 칩 등을 사용하였을 경우 들잔디의 내마모성을 증가시킬 수 있다고 하였다. 또한 심 등(1998)과 Beard(1973)는 한국잔디에 톨페스큐(tall fescue, TF)를, 버뮤다그래스에 퍼레니얼 라이그래스를 덧파종함으로서 녹색기간 연장과 내마모성을 향상시킬 수 있다고 보고하였다.

이상을 종합해 볼 때 유전적 변이가 다양한 한국잔디류는 육종 전략에 따라 고품질, 고밀도(高密度, high shoot density)의 운동장용 잔디 개발이 가능할 것으로 판단된다. 그러나 한국잔디의 모든 단점이 개선된 품종을 육종하는 데 많은 시간과 노력이 소요되므로 개발된 새로운 품종들의 장점을 극대화하면서 단점을 최소화할 수 있는 혼식기술에 관한 연구도 병행되어야 할 것이다(김 등, 1996).

한국잔디의 겨울 휴면기간 동안 학교는 방학으로 이용이 비교적 적다.

2.4. 조성 및 회복속도가 빠른 잔디

한국잔디류에 대해 Beard(1973), Yeam 등(1980), Dunn 등(1981)과 김 등 (1996)은 두꺼운 대취(thatch)와 늦은 조성속도 등이 개선되어야 할 형질이라 고 보고하였다. 한국잔디의 빠른 조성을 위해 Engelke 등(1989)은 중엽 한국 잔디류 중에서 초기 생육 속도가 빠른 DALZ 8501, DALZ 8502를 개발하여 1989~1990년에 보급하였다.

그러나 한국잔디류를 이용하여 조성과 회복속도가 빠른 잔디 운동장을 조성 하는 것은 한계가 있으므로 미국의 남부지역과 중동 및 아프리카 지역에서는 생육과 이용 후 회복력이 한국잔디류보다 3배 이상 빠른 버뮤다그래스가 널리 이용되고 있다고 보고하였다(Beard 등, 1981; Richardson 등, 1978; Duble, 1989; Baltensperger 등, 1994; Krnas 등, 1999; 표 3). 버뮤다그래스는 한지형 잔디보다 유지관리비가 적고 관리가 쉬우나(Anonymous, 1976), 녹색기간이 들잔디와 같 이 짧고, 휴면기 흑갈색으로 지상부가 고사하여 지저분하며, 내마모성이 감소 하고, 내한성이 약한 단점이 있다고 하였다(Dipaola 등, 1981).

미국에 버뮤다그래스류(Cynodon spp.)가 1751년 아프리카로부터 소개된 이후 (Hanson, 1972a), 1960년에는 'Tifgreen'보다 직립 하면서, 내구성 또는 내병성이 강한 'Tifway'(Tifton-419, *C. transvaalensis*×*C. dactylon*)가 보급되어 1974년에 플 로리다 주의 78%가 'Tifgreen'과 'Tifway'로 식재 되었다(Anonymous, 1976). 1981과 1983년도에는 'Tifgreen' 또는 'Tifway'가 식재 된 골프장에서 코스관리 자들이 수천 종의 지상·하경(地上·下莖, stolon·rhizome)을 선발하여 'Tifway-Ⅱ'와 'Tifgreen-Ⅱ'를 보급하였다(Burton, 1974). 최근 종자번식형 버뮤다그래스로 'Cheyenne,' 'Shahara', 'Yuma', 'Princess', 'Triangle' 등과 영양번식형 버뮤다 그래스로 'Tifway', 'Tifton', 'Tiflawn', 'Pee Dee', 'Ormond' 등의 품종이 미국 과 일본의 남부지방, 중동 및 아프리카 지역의 잔디 운동장용으로 많이 이용되 고 있다(Beard 등, 1981; Richardson 등, 1978; Baltensperger 등, 1994; Hanson,

1972b). 특히 Burton에 의해 보급된 'Tiflawn' 품종은 생육기 내마모성이 강하고 비료요구도가 낮으며 생육속도가 빠르며 병해충 저항성이 강하다고 하였다 (Hanson, 1972a).

Table 3. Germination and period of establishment in different types of turfgrass(Krnas et al., 1999).

Type of establishment	Type of grass*	Seed germination period(days)	Establishment period	Nitrogen requirement
Seed	KB	15~20	1 year	1 lb/month
	PR	4~7	4 months	1 lb/month
	50% KB+50% PR	4~20	4 months	1 lb/month
	Creeping bentgrass	15~20	4 months	1 lb/month
	TF	10~15	4 months	1 lb/month
	BDG(hulled seed)	10~15	2 months	1/2 lb/month
	BDG(unhulled seed)	15~20	2 months	1/2 lb/month
Sprig	BDG	10~14	2 months	1/2 lb/month
Plug	BDG	10~14	2 months	1/2 lb/month
Sod	All	10~14	4~6 weeks	1 lb/month

* KB: Kentucky bluegrass; PR: Perennial ryegrass
  TF: Tall fescue; BDG: Bermudagrass

우리나라의 경우 버뮤다그래스는 내한성이 약해 거의 사용하지 않고 있는 실정이다. 1999년 제주도 소재 학교운동장에 재래종 버뮤다그래스를 식재 한 경우가 있었으나 품질이 떨어져 널리 보급되지 못하였다(김 등, 1999a). 그러나 버뮤다그래스는 생육이 빠르면서 낮은 관리형 잔디로 내한성이 강한 버뮤다그래스 계통이 개발된다면 우리나라 남부지역 운동장에 적합한 잔디로 판단된다. 따라서 고품질이며 내한성이 강한 버뮤다그래스 개발을 위한 육종 연구와 버뮤다그래스의 단점을 줄이기 위한 가을 덧파종용 잔디 종류, 시기 및 사후관리 등에 대한 연구가 수행되어야 할 것이다(Thorogood 등, 1993; 김 등, 2002a).

회복속도가 빠른 한지형 잔디로 조성된 운동장은
연 100~150회 내외로 사용 가능

2.5. 녹색기간 연장

국내에 한국잔디로 조성된 잔디 운동장의 녹색기간은 4월 중순부터 10월 중순으로 약 6개월 정도로서 한지형 잔디에 비해 짧아 이용시기가 제한되고 있다. 일예로 3월 중순부터 10월 하순까지 계속되는 각종 스포츠 행사에서 3월과 10월의 한국잔디 운동장은 휴면으로 양질의 잔디면 품질을 제공하지 못하고 있는 실정이다. 따라서 녹색기간이 긴 잔디 운동장을 조성한다면 이용기간을 증가뿐만 아니라 국제 경기의 유치, 국내 경기, 연습 및 기타 용도로 잔디 운동장 이용 증가에 대비할 수 있을 것이다.

녹색기간 연장에 관한 연구로서 안 등(1992)은 한국잔디는 $3\sim4^\circ C$, 버뮤다그래스는 $5\sim7^\circ C$에 생육을 정지하고 휴면에 들어간다고 하였다. 난지형 잔디가 조기 휴면에 들어가는 이유는 온도가 $10\sim12^\circ C$ 이하로 낮아지게 되면 광합성 속도가 한국잔디는 최적온도에서보다 약 9%, 버뮤다그래스는 약 1%까지 저하되기 때문이다.

한국잔디류의 녹색기간 연장을 위한 관리적인 방법으로 Beard(1973)와 염 등(1985)이 질소비료를 생육 후반기인 10월 초순에 시비하고 시비량을 증가하면 녹색기간을 15~20일 정도 연장할 수 있다고 하였다. 그러나 질소질 비료를 늦게 사용하면 지하경으로 이동하는 탄수화물의 부족으로 내한성이 저하되거나 다음해 병 발병의 원인이 될 수 있다. 또한 심 등(1998)과 Beard(1973)는 한국잔디에 톨 페스큐를, 버뮤다그래스에 퍼레니얼 라이그래스를 덧파종하여 녹색기간을 연장할 수 있다고 하였다.

김 등(2002a)은 한국잔디의 늦가을 녹색기간 연장을 위해 10월 초부터 11월 중순까지 비닐피복하고 한 달 후인 11월 초 비닐을 덮은 후 검정 차광막을 피복하면 11월 말까지 녹색기간을 연장 할 수 있다고 하였다. 그러나 온도가 $0^{\circ}C$ 이하로 지속될 경우 비록 잔디 운동장이 녹색을 나타내어도 이용 후 회복이 되지 않아 차광으로 인한 녹색기간의 연장 효과는 급속히 감소하는 것으로 나타났다. 골프장에서 초봄 그린업(green-up, 春 新草生育) 촉진을 위해 그린을 차광막으로 피복 하여 그린업을 10~20일 정도 앞당기고 있다(안 등, 1993). 또한 대취 제거, 태움, 낮은 깎기 등의 방법으로 봄의 신초 생육을 10~20일 정도 앞당길 수 있다고 알려져 있다.

이상에서와 같이 시비시기, 차광, 태움, 낮게 깎기 등의 방법에 의하여 녹색기간을 연장할 수 있으나 잔디의 휴면 시기를 인위적으로 연장한 결과 잔디 생육이 부진하거나 병 발생 등 생리적 장해의 원인이 될 수 있다. 따라서 녹색기간이 긴 형질을 가진 새로운 잔디 품종의 개발과 잔디의 휴면 및 그린업 시기가 다른 두 계통을 혼식하는 혼식기술을 이용하는 것이 효과적으로 녹색기간을 연장시킬 수 있을 것으로 판단된다.

초가을 버뮤다그래스에 한지형 잔디를 덧파종 할 경우 동계기간에
이용효율을 높일 수 있다.

2.6. 경제적 잔디 조성

잔디 시공기술은 종자 파종방법과 포복경 및 뗏장 식재로 구분된다. 파종
방법은 조성비용은 저렴하나 사용하기까지 관리가 필요하여 전체적인 조성
비용은 뗏장 식재 방법과의 차이는 크지 않다고 하였다. 반면 뗏장 식재 방
법은 조성비용은 비싸지만 사후 관리비용이 적고 식재 1~2개월 후 사용할
수 있는 장점이 있다고 하였다(구 등, 2003; 부록 9.2).

종자 파종방법에 관한 연구로 씨드 스프레이, 종자부착, 유공 씨드 벨트
등의 기술을 비교 분석한 결과 뗏장 식재보다 피복비용이 저렴하고, 잔디 운
동장 면을 고르게 조성할 수 있는 장점이 있다고 하였다(오 등, 2001; 표 4).
그러나 종자를 파종할 경우 적기파종(한지형 잔디: 초봄/초가을, 한국잔디:

봄)이 필수적이며 조성기간이 길게 소요되기 때문에 전문 기술자가 파종과 사후관리를 수행해야 하는 단점이 있다고 하였다(김 등, 1993; 이, 1991; 이 등, 1992; 이 등 2001c).

포복경 식재 방법은 점 떼, 줄 떼, 섬유네트, ZN공법 등이 있으며 잔디의 포복경과 지하경을 인력으로 분리하여 조성하는 방법으로 종자 파종보다 빠른 시간에 질 좋은 잔디 면을 조성할 수 있다고 하였다(표 4). 그러나 뗏장 식재 방법보다 비용이 저렴하나 조성기간이 12~16주 정도가 소요되고 주로 영양번식형인 한국잔디나 버뮤다그래스의 식재에 이용되며 한지형 잔디의 식재 방법으로는 적합하지 않다고 하였다(Beard, 1973; Emmons, 1995; 오 등, 2001).

뗏장 식재 방법은 기온이 영하 $7^{\circ}C$ 이하로 떨어지지 않으면 연중 언제라도 식재가 가능하며 평 떼, 롤 식재 등이 있다. 평 떼 또는 롤을 이용한 식재는 시공비용이 비싸며, 이음새 부분의 조성이 완료되기까지 사용이 불가능하고 조성 후 평탄성(平坦性, smoothness)이 나빠지지만 식재 후 최단 시일 내에 경기가 가능한 방법이라고 하였다(Krnas, 1999; 구 등, 2003).

Table 4. Working efficiency and establishment cost of zoysiagrass turf(1,000㎡) under different methods(1998).

Methods	Propagule	Working efficiency (1,500㎡)	Approximate cost(won/㎡)
Hydro-seeding	seed	25~30min	2,600
Punched seed belt	seed	5~6hr	4,000
Lawn carpet	seed	4~5hr	4,000
Zoysia net	stolon	2~3hr	3,000
Sprigging	stolon	4~5hr	2,500
Line sodding	stolon	7days/7worker	2,600

Note; Working efficiency depends on establishment time and conditions.

 이상을 요약하면 기존 잔디 조성 기술은 잔디의 채취에서 조성까지 시공 비용이 비싸며, 시공과정이 복잡하고, 부분적 기계화 시공이 가능하며, 시공 기간이 긴 등의 단점이 있다. 특히 학교 운동장의 경우 학생들의 학습과 체육활동의 불편을 최소화하기 위해 방학 중에 잔디를 조성하거나 공사기간을 줄이기 위하여 롤 잔디 시공이 적합하나 시공비가 비싸 잔디 조성비용이 부족한 일반 잔디 운동장에 적용하기 어려운 실정이다. 따라서 경제적이고 효율적인 잔디 운동장 조성기술이 개발되어야 할 것이다.

한국잔디를 줄 떼로 심을 경우 100% 피복 시까지 1~2년이 소요

2.7. 경제적 잔디지반 시공

 잔디 운동장의 지반조성은 잔디면 수명과 이용횟수를 좌우하는 중요한 요인이다. 이는 이용횟수가 증가함에 따라 토양이 고결화(固結化, hardness)되어 잔디 생장력(生長力)을 크게 감소시키기 때문이다(Beard, 1973; Ruemmele 등,

1993). 이용횟수가 많거나 한지형 잔디로 조성된 운동장일수록 배수가 용이하고 토양의 고결화를 극복할 수 있는 지반조성이 필수적이다. 또한 지반의 종류는 선수들의 경기력(競技力, playability)에도 영향을 미친다고 하였다(Baker 등, 1993). 맨땅 혹은 흙 지반(soil-based rootzone) 잔디 운동장에 적응 된 우리나라 축구 선수들이 외국의 모래지반(sand-based rootzone)에 조성된 잔디 운동장에서 경기를 할 경우 체력이 떨어지는 경향이 있다.

과거 잠실 주 경기장, 목동경기장 등 일부 경기장은 지반조성을 USGA-(United States of Golf Association) 방식을 변형하여 시공하였으나 적정 자재 조달의 어려움, 시공기술과 경험 부족, 흙에 재배된 뗏장을 보식(補植, supplemental planting)용으로 사용하여 사후관리에 어려움을 겪고 있으며, 잔디의 회복을 위해 이용횟수를 제한하고 있는 실정이다. 특히 집중강우 후 배수가 불량하여 수중 경기를 할 경우 잔디의 내구성이 급속히 감소되어 쉽게 맨땅화 되는 실정이다(김 등, 2002c).

학교 잔디 운동장 지반은 일반적으로 기존 토양을 경운(耕耘, rotarying)한 후 유기물을 혼합하여 뗏장 또는 포복경을 이식하거나 종자를 파종하여 조성하고 있다. 그 결과 비온 후 과다한 이용 시 토양이 딱딱해져 잔디의 생육이 불량할 뿐 아니라 회복속도가 늦어 이용횟수가 제한되고 있다고 하였다(김 등, 1999).

심(1998)과 주 등(2000)은 2002년 월드컵 대회 개최로 주 경기장, 보조구장 및 연습구장에 적합한 여러 가지 지반조성에 대한 연구를 수행한 결과 우리나라에 적합한 지반 시스템을 구축 제안하였다. 이들이 제안한 USGA 방식 또는 캘리 포니아식 방식은 잔디 종류 선택의 폭이 넓고 고품질의 잔디 면을 유지할 수 있는 장점이 있지만 조성비와 유지관리 비용이 비싼 단점이 있다. 우리나라에 서 한지형 잔디로 잔디 운동장을 조성 할 경우 하고현상을 줄이기 위해 반드시 관수와 배수시스템이 잘 갖추어진 USGA 방식이나 캘리포니아 방식으로 조성 해야 한다고 하였다(Adams 등, 1989; Christians, 1998; 김 등, 1999b; 부록 9.7). 또한 잔디 운동장의 혼합토층 경화를 감소시키고 잔디 운동장의 이용횟수를 늘 리기 위해 캘리포니아 방식이나 중간층을 생략한 USGA 방식에 준 하는 지반을 조성해야 할 것이다. 그러나 이들 지반조성 방식은 모래층이 두꺼워 흙 지반 보다 비싸며, **USGA** 방식은 강우가 비교적 균일한 미국 등에 적합한 지반으로 판단된다.

  따라서 지반조성에 소요되는 경비를 줄이고 우리나라 기상조건을 고려한 경제적인 지반조성을 위해 기능성 잔디 개발과 조성 및 경제적인 혼합층 두께, 자갈 대신 수세한 파쇄석(破碎石) 또는 강사(江沙) 대신 염분을 제거한 해사(海沙)가 잔디 생육에 미치는 영향 등에 관한 연구가 수행되어야 할 것이다.

손상이 심한 흙지반 잔디운동장(동대문 운동장)

집중적인 사용으로 잔디의 손상이 심한 흙지반 잔디 운동장(안양종합운동장)

2.8. 자유로운 잔디 운동장의 이용

잔디 운동장의 사용횟수는 잔디 종류, 지반의 종류 및 관리 정도 등에 따라 다르다(부록 9.8). 난지형 잔디의 경우 최적 생육기인 6월 상순에서 9월 중순까지 주 2~3회를 사용하고 봄의 생육기와 휴면에 들어가는 시기에 주 1~2회를 사용한다면 총 44~66회를 이용할 수 있다(심 등, 1998). 그러나 1998년 한국잔디로 조성된 잠실 올림픽 주경기장의 축구경기 이용률은 월 1~2회에 지나지 않았다. 이는 많은 관중을 모을 수 있는 국제경기가 많지 않고 잔디 보호를 위해 이용을 제한하고 있기 때문이다. 또한 잔디 관리자 대부분이 들잔디는 관리를 적게 해도 된다는 고정관념으로 최소한의 관리를 하고 있기 때문이다. 따라서 기존 들잔디 운동장의 이용효율 향상을 위해 관리전문 회사에 위탁하거나 잔디 관리자에게 관리 교육을 실시하여 잔디 관리 수준을 높이는 동시에 이용효율 향상을 위한 잔디 개발, 지반조성 및 관리방법에 대한 연구가 수행되어야 할 것이다.

잔디 관리전문 회사에 위탁하여 최상의 품질을 유지하고 있는 잠실고등학교와 소방방제청
(왼쪽: 릴모어를 이용한 깎기 작업, 오른쪽: 모래 배토)

한국잔디 운동장의 이용횟수 향상을 위해 토양 개량재, 강화 섬유네트, 폐타이어 칩 등의 이용을 권장하고 있지만(Beard, 1972; Emmons, 1995; Joo 등, 2001) 근본적인 해결을 위해 적합한 잔디의 종류와 모래지반의 선정 및 충분한 관리비용의 확보 등이 무엇보다도 중요할 것으로 판단된다.

반면 한지형 잔디의 이용 횟수는 최적 생육기간 인 3월 하순~6월 중순과 9월 중순에서 11월 중순까지 주 2~3회의 경기를 수행하고 생육이 억제되는 6월 하순부터 9월 상순과 11월 하순까지 주 1회의 경기를 예상하면 총 50~68회의 사용이 가능한 것으로 보고하였다(심 등, 1998). 최근의 보고에 의하면 월드컵 경기장 수준으로 한지형 잔디를 조성하고 관리할 경우 년간 100회 이상 사용할 수 있는 것으로 조사되었다(구 등, 2003).

이용이 비교적 자유로운 서울 잠실고등학교

한지형 잔디로 조성된 운동장의 이용횟수 향상을 위한 연구에서 Beard(1973), Waller 등(1982)과 Wehner 등(1985)은 내서성이 강한 잔디종류를 이용하여 하고현상을 감소시킬 수 있다고 하였으며, 내서성이 강한 잔디는 Tall fescue(TF)>Creeping bentgrass(CBG)>Kentucky bluegrass(KB)>Fine fescue(FF)>Perennial ryegrass(PR) 순서이었다고 하였다. 이는 안 등(1992)의 보고와 같이 고온은 한지형 잔디 단백질의 변성과 응고를 일으키는 데 비해 톨 페스큐는 고온에 의한 단백질의 변화가 적은 것이 아니라 뿌리가 깊게 신장하는 성질과 잎이 두꺼워서 내건조성이 강하기 때문으로 해석하였다. 또한 허 (1997)는 우리나라에서 한지형 잔디 5종 27품종의 생육특성을 조사한 결과 7~8월 Red fescue(RF), PR는 심한 생육장해 현상을 보였지만, KB와 TF는 연중 양호하였으며 고온기 병 발생 정도도 줄었다고 보고하였다. Watschke 등(1972)은 KB의 내서성을 향상시키기 위해 질소비료 소량시비, 고온기에는 높은 깎기, 대취 제거, 관수 시기의 조절을 통하여 탄수화물의 축적량을 높이는 것이 중요하다고 하였다. 또한 석회나 규산질 비료를 시비 하여 잔디조직을 단단하게 함으로써 하고현상을 줄일 수 있다고 하였다(안, 1997). Hawes(1965)는 켄터키 블루그래스에 오전 11시부터 오후 3시 사이 물을 3mm 시린징(syringing)하여 3분, 10분 후 잔디표면 온도변화를 조사한 결과 각각 4°C, 0.8°C 정도 감소효과가 있어 한지형 잔디의 고온 스트레스를 감소시킬 수 있다고 보고하였다. Wehner 등 (1985)은 하고현상에 영향이 적은 여름철 켄터키 블루그래스의 적정 시비량은 순 질소 함량을 기준으로 1g N/㎡이라고 보고하였다. 또한 Beard(1973)와 Emmons(1995) 등은 고온 다습한 환경이 되기 한 달 전부터 버티컬 모잉(垂直지草, vertical mowing)을 실시하여 한지형 잔디의 밀도를 낮추어 과습을 해결함으로써 하고현상을 감소시킬 수 있다고 하였다. 안(1997)은 우리나라 장마기에 배수를 원활히 할 수 있는 모래나 사토로 혼합토층을 조성하거나 암거 배수관을 설치하여 배수를 원활히 하면 하고현상을 감소시킬 수 있다고 하였다. 또한 우리나라의 경우 가을에 한지형 잔디를 파종하는 것이 봄에 파종하는 것보다 하고현상에 강한데 이는 봄철 파종은 어린 상태에서 고온다습 스트레스를 받게 되어 내성이 약하기 때문이다.

한지형 잔디 중 하고현상에 강한 켄터키블루그래스로 조성된 운동장

　자유로운 잔디 운동장 이용을 위해서 잔디 운동장의 전략적 조성 계획이 필요할 것으로 판단된다. 일예로 소도시 학교, 여자학교 등과 같이 운동장 사용이 적어 잔디 관리가 비교적 용이하거나 운동장이 2개 이상으로 용도에 따라 사용할 수 있는 학교나 지역에 잔디 운동장을 먼저 조성하면 잔디 운동장의 효율적 이용과 관리가 될 수 있을 것으로 판단된다. 특히 초등학교 운동장의 경우 잔디 운동장과 맨땅으로 2등분하여 운동 수준에 따른 이용을 허용함으로써 우수한 잔디 면을 유지하고 이용제한에 대한 부정적인 관념을 해소시킬 수 있을 것이다.

　이상을 요약하면 이용률이 높은 기능성 잔디 운동장의 전략적 조성이 시급하며, 잔디 운동장 조성사업의 활성화를 위하여 관리 노력이 적게 들고 회복속도가 빠르며 내마모성이 강한 운동장용 잔디 품종의 보급과 이용이 절실히 필요한 실정이다.

여자 고등학교에 조성된 한국 잔디 운동장(함열 여고)

제3장 운동장용 세엽 한국잔디류 신품종 '건희(Konhee, 建喜)' 개발

3.1. 서론

한국잔디류인 들잔디의 낮은 신초 밀도, 거친 품질, 연녹색 등의 단점을 개선하기 위해 한국, 일본, 동남아시의 남부지역에서는 세엽형(細葉形, narrow leaf type, 엽폭이 1.0~2.9mm 이내) 한국잔디류가 많이 이용되고 있다. 그러나 세엽형 한국잔디류는 내한성이 약하고 조성과 이용 후 회복력이 매우 느린 단점이 있어 운동장용으로 사용하기 어려운 실정이다(Beard, 1973; 藤崎. 1998; 안 등, 1993).

최근 고품질이며 회복속도가 개선된 종자번식형 한국잔디류인 '제니스(Zenith)'가 잔디 운동장용으로 이용되고 있지만 '제니스'는 중엽형 한국잔디로 세엽형 한국잔디류에 비해 낮은 신초 밀도로 겨울 내마모성이 약하며, 종자 값이 1kg당 9만 원 이상이며, 롤잔디 역시 1m²당 1만 5천 원 이상으로 비싸 이용에 한계가 있다. 스포츠 강국인 미국에서는 스포츠형 잔디로 광엽 또는 중엽형 한국잔디류를 거의 이용하지 않고 한지형 잔디 또는 버뮤다그래스를 대부분 이용하고 있는 실정이다. 이는 한지형 잔디가 한국잔디류에 비해 빠른 회복력과 이용기간이 길어 잔디 운동장 이용 효율성이 높기 때문으로 판단된다.

우리나라에서도 운동장용 잔디로 한지형 잔디가 고품질의 경기장, 경제적 여유가 있는 지방자치단체 또는 학교 등의 운동장용에 이용되고 있다. 그러나 시공과 관리비용 및 관리 전문가 등의 확보가 어려운 지방자치단체 또는 학교는 한지형 잔디를 선택하기 어려운 실정이다. 이는 한지형 잔디로 조성된 잔디 운동장은 갈수기 물 관리와 생육기 잦은 깎기 등 유지관리에 어려움이 많기 때문이다.

국민체육진흥공단에서는 1998년부터 2003까지 200억 원 이상을 학교 또는 지방자치단체의 운동장에 한국잔디 위주의 잔디 운동장 조성 사업을 지원하고 있다(구 등, 2003). 그러나 잔디 운동장의 시공비, 유지관리비, 관리 전문가 확보 등에 대한 투자가 미미한 우리나라 현실로 인해 일선 교육자들은 학교에 관리가 적은 한국잔디류를 선호하거나 잔디 운동장 조성에 대해 매우 부정적으로 생각하는 원인이 되고 있다.

따라서 우리나라 현실에 적합하고 낮은 관리형이면서 스포츠형 잔디로서 특성을 가진 한국잔디류 및 한지형 잔디의 개발과 보급이 절실한 실정이다.

본 연구는 한국잔디류로 운동장을 조성 시 운동장에 적합한 세엽형 한국잔디류 중에서 내한성이 강하고, 이용 후 회복속도가 빠르고, 고밀도로 휴면기 내마모성이 강한 운동장용 한국잔디류를 개발하고자 하였다.

3.2. 재료 및 방법

3.2.1. 공시재료

1995년부터 한국, 미국, 일본, 대만, 호주, 중국 등 세계 여러 나라에서 수집한 200여 개의 한국잔디류 유전자원을 사용하여 1996년에 교배(중엽형인 'ZKV 6'×세엽형인 'ZKV 10')하여 나온 F_1 중 우리나라 환경에 잘 적응하고 내한성이 강한 세엽(1.0~2.9mm)형 계통인 '건희(Konhee, 建喜)'를 선발하였다(Burton 등, 1951; Murray 등, 1983; Engelke 등, 1989; Fukuoka 등, 1990; Funk, 1981, 1989; Halsey, 1956).

3.2.2. 평가방법

3.2.2.1. 형태적 특성

'건희(ZKV 9)'의 형태적 특성을 분석하기 위해 '건희'와 우리나라에서 많이 이용되고 있는 광엽형 한국잔디인 들잔디, 골프장에서 많이 사용되는 중엽형 한국잔디인 '안양중지' 그리고 건국대에서 개발된 회복속도가 빠른 중엽형 한국잔디인 'ZKV 1'과 품질이 우수한 세엽형 한국잔디인 'ZKV 2'를 비교하였다.

조사항목은 초형(草形, plant type), 초장, 신초 밀도(新草, shoot density), 포복경 셋째 마디길이(third stolon length)와 두께, 피복률, 회복률(recoverage rate), 포복경수, 엽색, 엽폭, 제1엽집 높이(first leaf sheath height), 휴면시기, 이삭수 등을 조사하였다. 조성속도는 뿌리 활착, 잔디 생육, 포복경으로부터 신초 발달 정도 등을 고려하여 평가하였고, 피복률은 각 처리가 1㎡ 실험구를 피복하고 있는 비율을 백분율로 나타내었으며, 휴면 정도는 계통 간 차이가 가장 뚜렷한 11월 2일에 조사하였다.

3.2.2.2. 분자생물학적 특성

'건희'와 한국잔디류 5개 계통('ZKV 1', 'ZKV 2', 'Zenith', 'Anyangjungji', Zoysia japonica Steud.)을 DNA 수준에서의 차이를 식별하기 위하여 PCR(Polymerase Chain Reaction)방법을 이용하였다. PCR은 소량의 DNA를 대량으로 증폭시키는 방법으로 PCR 방법에 의해 생성된 대량의 DNA fragment에 임의의 프라이머(primer)를 이용하여 RAPD를 수행하면 분자생물학적 수준에서 식물체 간 차이를 쉽게 알 수 있다. 즉 기존에 환경의 영향 받는 표현형적 식별에 비하여 훨씬 더 정확한 판별이 가능하게 되었으며, 극히 소량의 DNA만 있어도 가능하기 때문에 생육초기에도 식물체간 차이를 쉽게 알 수 있다. 본 연구에서도 품종판별을 위해 PCR 방법 중 임의의 짧은 DNA 단편을 primer로 하여 DNA를 증폭시키는 RAPD(Random Amplified Polymorphic DNA) 방법을 이용하

54

였다. RAPD를 수행하기 위하여 '건희'를 포함한 4종류 한국잔디류의 어린잎으로부터 SDS 방법을 응용하여 DNA를 추출하였다.

PCR 반응은 MJ Research PCT-100을 이용하였고 조건은 denaturation 94℃ 30초, annealing 37℃ 40초, extension 72℃ 1분이고 총 45cycle로 수행하였다. PCR의 반응 액(total volume 15$\mu\ell$)은 genomic DNA 30ng, dNTPs 200μM, primer 200nM, 1X Buffer, MgCl2 2mM 및 Polymerase(AB tech.) 0.8u로 조성되었다.

반응에 이용된 primer는 Canada의 British Columbia 대학(UBC)에서 합성된 random 10-mer Oligonucleotide를 이용하였으며, 품종 특이적인 마커를 찾기 위하여 총 35개의 primer를 이용하여 먼저 반응시켰다. PCR 시행 후 반응물은 1.2% Agarose gel상에서 전기영동한 후 EtBr로 염색하여 UV trans-illuminator에서 관찰하고 Polaroid 667 film으로 촬영하여 DNA 밴드 양상을 관찰하였다.

3.2.2.3. 내한성 검정

'건희'의 내한성 검정을 위해 제주 서귀포, 경남 의령, 전남 보성, 충남 대천, 경기도 안양, 중국의 황조우, 일본의 구마모토와 가와사끼, 미국의 플로리다 등에서 수집된 9개 중세엽형 한국잔디류를 1998년 8월 서울 건국대 육종포장에 식재하였다. 식재량은 직경 15cm 홀 커터로 떠서 식재 하였으며 실험구의 크기는 1m×1m이며 3반복 완전임의 배치하였다.

3.3. 결과 및 고찰

3.3.1. 형태적 특성

'건희'는 다른 계통들보다 1) 직립형 초형으로 볼 지지도가 우수하고, 2) 초장이 8.5±2.0cm로 낮아 잔디 깎기 횟수가 적으며, 3) 포복경 셋째마디 길이가 3.4±0.5cm로 짧고, 4) 엽색은 진한 녹색이며, 5) 엽폭은 2.3±0.2mm의 세엽으로 품질이 우수하며, 6) 제1엽집의 높이가 0.9±0.2cm로 낮아 낮은 깎기가 가능하고, 7) 신초 밀도가 높아 잡초의 침입과 발생이 적고 휴면기 내마모성이 강하며, 8) 조성과 회복속도가 기존 세엽형 한국잔디류보다 빨라 이용횟수를 늘릴 수 있는 등 운동장용 잔디로 적합한 우수한 형태적 특성을 가지고 있는 것으로 조사되었다(표 1, 그림 1. 2; 부록 9.11).

Table 1. Morphological traits of 'Konhee' and four zoysiagrass lines.

Lines	Traits											
	A	B	C	D	E	F	G	H	I	J	K	L
Zoysia japonica Steud.	29.0	4.8	2.8	7.7	6	4	4	2	3	2	5	2
'Anyangjungji'	33.0	4.0	5.9	5.7	7	7	6	7	6	7	5	9
'ZKV 1(medium leaf)'	28.0	3.0	4.5	5.8	9	9	6	7	5	7	7	5
'ZKV 2(narrow leaf)'	18.0	2.5	1.2	2.5	4	2	4	9	7	9	3	7
'Konhee(ZKV 9)'	8.5	2.3	0.9	3.4	9	7	9	9	9	9	3	9

Note) A: Plant height(cm) B: Leaf width(mm)
C: First leaf sheath height(cm) D: Third stolon length(cm)
E: Establishing speed 1~9 scale, 9=rapid F: Recoverage speed 1~9 scale, 9=rapid
G: No. of stolon 1~9 scale, 9=many H: Shoot density 1~9 scale, 9=high
I: Leaf color 1~9 scale, 9=dark green J: Dormancy 1~9 scale, 9=latest dormancy
K: No. of spiklet 1~9 scale, 9=many L: Plant type 1~9 scale, 9=erect

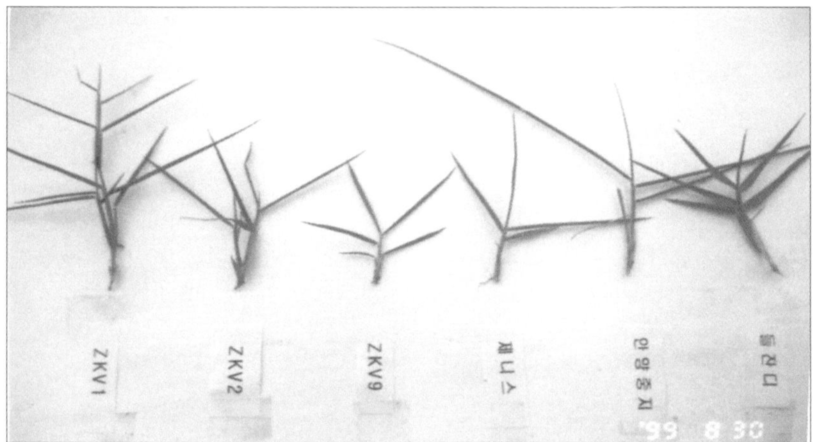

Fig 1. Comparison of leaf type between 'Konhee(ZKV 9)' and five other zoysiagrass lines.

Fig 2. Growth characteristics of 'Konhee'.

58

3.3.2. 분자생물학적 특징

‘건희’와 다른 한국잔디류 5개 계통을 DNA 수준에서 차이를 식별하기 위하여 RAPD analysis를 한 결과 primer No.740, 744, 765, 772에서 ‘건희’가 다른 종들과 구별되는 특이적인 밴드(그림 3의 밴드 a, b, c, d)를 가지고 있었다.

또한 재현성 실험 결과 1차와 동일한 결과를 나타내었다. 740번 primer의 경우 모든 종에서 공통적으로 500bp 밴드를 보였으나 약 750bp에서는 ‘건희’에서만 밴드가 관찰되었다. 마찬가지로 744번 primer에서 밴드 b가 약 600bp에서, 772번 primer에서 밴드 c가 약 700bp에서 그리고 765번 primer에서 밴드 d가 약 400bp에서 품종 특이적인 마커로 각각 관찰되었다.

이상의 결과 밴드 a, b, c, d는 ‘건희’에서만 나타나는 분자생물학적 특성이라 말할 수 있으며, 다른 종들과의 유전적인 차이가 있음을 보여주었다.

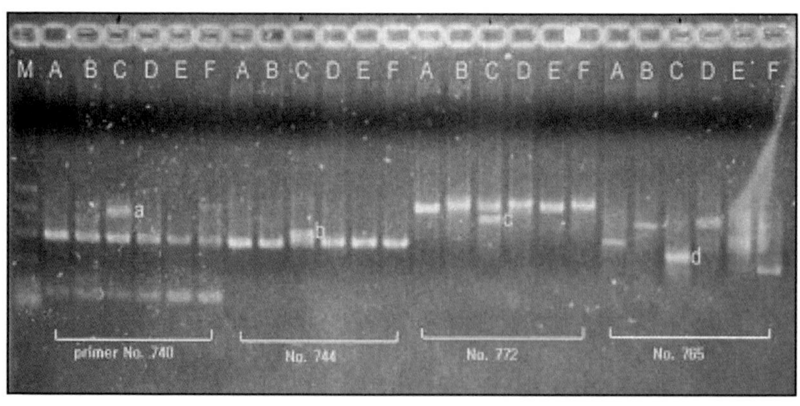

Fig 3. RAPD analysis of ‘Konhee’ and five zoysiagrass lines.

3.3.3. 내한성 검정

세엽형 한국잔디는 중부지역에서 내한성이 약하다고 보고 되어 있으나(양, 2000) 서울에서 '건희'를 비롯한 일부 세엽 계통들의 월동 피해는 나타나지 않았다. 반면 'ZK 97'과 수집된 대다수 세엽형 계통들은 동해 피해로 다음해 그린업이 되지 않았다(표 2). 그러나 '건희'의 시공 안정성 높이기 위해 서울의 기후 환경은 강원도, 일부 경기 또는 충청지역과 차이가 있을 수 있으므로 이들 지역에서 내한성 검정 연구가 지속되어야 할 것으로 판단된다.

Table 2. Cold tolerance of 'Konhee' and nine lines of zoysiagrass(medium or narrow leaf type) at Seoul, Korea.

Lines	Source	Period of observation	
		1998(Winter)~ 1999(Spring)	1999(Winter)~ 2000(Spring)
'Anyangjungji(medium leaf)'	Anyang, Korea	9	9
'ZKV 1(narrow leaf)'	Uiryeong, Korea	1	1
'ZKV 3(narrow leaf)'	Jeju, Korea	9	9
'ZK 97(narrow leaf)'	Daechon, Korea	9	9
'ZK 110(narrow leaf)'	Gawasaki, Japan	9	9
'ZK 112(narrow leaf)'	Kumamoto, Japan	9	9
'ZK 125(narrow leaf)'	Boseong, Korea	1	1
'ZK 129(narrow leaf)'	Hwangjowoo, China	8	8
'ZK 143(narrow leaf)'	Florida, USA	1	1
'Konhee(ZKV9)'	Konkuk Univ. Korea	9	9

Cold tolerance 1~9; 9=Strong

이상의 결과를 종합하면 운동장용 잔디로써 '건희'는 들잔디의 단점을 많이 개선하여 잔디 운동장과 골프장, 공원, 묘지 등 고품질을 요구하는 곳에 이용될 수 있을 것이다(부록 9.14). 그러나 '건희'는 그린업이 광엽형 한국잔디보다 2~4주 정도 늦은 단점이 있으며, 신초 밀도가 높아 조성 2~3년 후부터 디탯칭(dethatching) 또는 에어레이션 등의 관리가 필요할 것으로 판단된다. 또한 본 연구에서 '건희'의 내한성 실험은 서울지역에서 수행되었으므로 강원도, 일부 경기 및 충청지역에서의 내한성에 관한 연구와 시공방법, 관리 수준 및 이용 형태와 시기에 따른 '건희'의 생리적 특성변화에 관한 연구가 지속되어야 할 것이다.

3.3.4 한국잔디 신품종 '건희' 실용화 사례

정원에 식재된 건희(서울 성북구)

제4장 우리나라 환경에 적합한 운동장용 버뮤다그래스 신품종 '건우(Konwoo, 建牛)' 개발

4.1. 서론

회복속도가 느린 들잔디로 조성된 우니 나라의 잔디 운동장은 잔디 보호를 위해 잔디 운동장 이용을 제한하고 있는 실정이다. 심지어 프로축구선수들 조차 연습 경기 시에 잔디 운동장을 임대하는 데 어려움을 겪고 있어 자유로운 이용이 가능한 잔디 운동장 조성과 보급이 절실히 필요하다(안 등, 1993; 심 등, 1998; 김 등 1999).

조성과 회복속도가 빠른 잔디 운동장 보급을 위해 기온이 따뜻한 외국의 경우 들잔디보다 회복속도가 빠른 버뮤다그래스를 많이 이용하고 있다. 반면 우리나라에서 버뮤다그래스는 내한성 문제로 이용이 제한되며, 제주도내 일부 학교 운동장에 도입하여 이용하고 있는 실정이다. 그러나 우리나라와 같은 기후에서 버뮤다그래스는 한국잔디와 같이 겨울 휴면 시 지상부가 완전히 고사하여 지저분하며 내마모성이 급격히 감소되어 맨땅화 되는 실정이므로 이에 대한 연구가 필요하다.

Ibitayo 등(1981)은 내한성이 강한 버뮤다그래스 선발 실험에서 지중온도가 $-4{\sim}-11^{\circ}C$일 때 8개 공시품종 중 'Brookings'의 월동력이 우수하였으나 $-7{\sim}17^{\circ}C$에서는 품종에 따라 차이가 있지만 대부분 동해를 받아 고사한다고 보고하여 지중온도(地中溫度, soil temperature)가 버뮤다그래스의 내한성에 많은 영향을 미치는 것으로 판단된다. 전남 고흥군 농촌기술센터에서는 겨울 보리의 월동력(越冬力, cold tolerance) 향상 실험에서 겨울 중 가장 추운 날

(평균기온: −6.7℃, 최저온도: −15.5℃) 지중온도의 일중 변화를 1시간 간격으로 조사한 결과 지중온도는 −1.6∼−0.7℃로 그 변화 폭은 −0.5∼−1.0℃인데 비하여 대기온도의 변화 폭은 −0.7∼−15.5℃로 지중온도는 대기온도의 변화에 크게 영향을 받지 않는 것으로 나타났다(http://goheung.jares.go.kr/nongjin/A020312.html)고 보고하여 우리나라 남부지역에 버뮤다그래스의 이용이 가능할 것으로 판단된다.

따라서 본 연구는 기존 들잔디 운동장의 느린 회복속도를 개선하기 위해 우리나라 잔디 운동장용으로 사용 가능한 고품질이며, 내한성이 강하고, 회복속도가 빠른 버뮤다그래스를 개발하고자 하였다.

4.2. 재료 및 방법

4.2.1. 공시재료

건국대에서 1997년 한국, 미국, 일본, 대만, 호주, 중국 등 세계 여러 나라에서 수집한 20여 개의 종자 또는 영양번식 버뮤다그래스 유전자원(遺傳資源, germplasm)을 건국대학교(서울 캠퍼스) 육종포장에서 비교평가 하였다. 그중 경남 의령에서 수집된 품질이 우수하고 내한성이 강한 변이 종 '건우(Konwoo, 建牛)'를 선발하였다.

4.2.2. 평가방법

4.2.2.1. 형태적 특성

'건우(BK 3)'의 형태적 특성을 분석하기 위해 광엽형 한국잔디인 들잔디와 버뮤다그래스 중 미국에서 많이 이용되는 'Tifway 419', 일본에서 선발된 것으로 세엽이면서 조성속도가 빠른 'Tour turf', 호주 시드니에서 수집된 세엽형 'BK 1', 중국 신장에서 수집된 광엽형이고 내한성이 강한 'BK 2', 전남 순천에서 수집된 중엽형 'BK 10'과 '건우'를 비교하였다.

조사항목은 엽장, 엽폭, 포복경 셋째 마디길이와 두께, 피복률, 회복률, 포복경수, 신초 밀도, 엽색, 휴면시기, 초형, 질감 등을 조사하였다. 조성속도는 뿌리 활착률(根活着, establishment rate), 잔디 생육, 포복경으로부터 신초 발달 정도 등을 고려하여 평가하였고, 피복률은 각 처리가 1㎡ 실험구를 피복하고 있는 비율을 백분율로 나타내었다.

4.2.2.2. 분자생물학적 특성

'건우'와 4종류의 버뮤다그래스류('Tifway 419', 'Tour turf', 'BK 1', 'BK 2')를 DNA 수준에서의 차이를 식별하기 위하여 PCR 방법을 이용하였다. 품종 판별을 위해 RAPD 방법을 이용하였다.

PCR 반응 조건, 반응에 이용된 primer 종류, DNA 밴드 양상 관찰을 위한 방법은 제3장의 '건희'의 분자생물학적 특성 분석을 위한 방법과 동일하게 수행하였다.

4.2.2.3. 내한성 검정

'건우'의 내한성 검정을 위해 2000년 4~5월 서울, 경기(화성, 안성), 부산, 경남(의령) 및 제주에 '건우'를 20m×10m의 실험구에 스프리깅(sprigging) 방법으로 식재하였다. 또한 중부지역에서 식재 시기(5월, 9월)와 식재 방법(잎줄기, 점 떼, 평 떼)에 따른 '건우'의 월동력 차이를 구명하기 위해 건국대학교 육종포장에 1m×1m의 크기로 '건우'를 식재 하였으며 실험구는 3반복 완전임의로 배치하였다. 관리는 주기적으로 질소질 비료(21-17-17)를 5g N/㎡ 시비하였고 배토는 하지 않았다.

4.3. 결과 및 고찰

4.3.1. 형태적 특성

버뮤다그래스 '건우'는 다른 계통들보다 1) 초형이 직립형이며, 2) 엽장은 1.3±0.3cm로 짧으며, 3) 엽폭은 2.0±0.5mm의 세엽으로 질감이 우수하며, 4) 포복경 셋째 마디 두께는 0.1±0.05mm로 얇으며, 5) 포복경 셋째 마디 길이는 2.2±0.5cm로 짧으며, 6) 조성속도와 회복속도가 들잔디보다 3배 이상 빠르고, 7) 포복경수가 많고 신초 밀도가 높은 등 우수한 형태적 특성을 가지고 있는 것으로 조사되었다(표 1, 그림 1. 2; 부록 9.12). 특히 '건우'는 우리나라에 자생하는 거친 품질의 버뮤다그래스와 달리 'Tifway 419'와 같이 품질이 우수하고 조성속도와 회복속도가 빨라 운동장용 잔디로서 우수한 특성이 있는 것으로 판단되었다.

Table 1. Morphological traits of 'Konwoo' and five lines of bermudagrass and a zoysiagrass.

Lines	Traits											
	A	B	C	D	E	F	G	H	I	J	K	L
Zoysia japonica Steud.	6.8	5.1	3.0	2.8	3	3	4	3	5	6	3	1
'Tifway 419'	1.7	1.5	0.1	3.2	8	9	9	7	3	4	7	7
'Tour turf'	0.7	2.0	0.1	2.5	9	5	8	7	7	6	2	7
'BK 1(fine leaf)'	1.5	1.5	0.5	1.0	5	3	8	9	3	4	7	9
'BK 10(medium leaf)'	2.0	1.5	0.8	1.9	7	7	8	8	3	4	7	7
'BK 2(broad leaf)'	2.7	3.5	0.3	2.5	7	6	4	4	3	7	3	3
'Konwoo(BK 3)'	1.3	2.0	0.1	2.2	9	9	9	7	3	4	7	7

Note) A: Leaf length(cm) B: Leaf width(mm)
C: Third stolon width(mm) D: Third stolon length(cm)
E: Establishing speed 1~9 scale, 9=rapid F: Recoverage speed 1~9 scale, 9=rapid
G: No. of stolon 1~9 scale, 9=many H: Shoot density 1~9 scale, 9=many
I: Leaf color 1~9 scale, 9=dark green J: Dormancy 1~9 scale, 9=latest dormancy
K: Plant type 1~9 scale, 9=erect L: Texture 1~9 scale, 9=fine

Fig 1. Comparison of leaf type between 'Konwoo(BK 3=ZKV10)' and five other bermudagrass lines('BK 1=fine leaf'; 'BK 10=medium leaf').

Vigorous growth of stolon

2 months(June 15)   3 months(August 15)

Coverage speed

Fig 2. Growth characteristics of 'Konwoo' after stolon dressing.

4.3.2. 분자생물학적 특징

'건우'와 다른 버뮤다그래스(4가지 종)의 DNA 수준에서 차이를 식별하기 위하여 RAPD analysis를 한 결과 primer No.102, 275, 280, 295, 300, 739에서 '건우'에 나타난 밴드 중 다른 종들과 구별되는 특이적인 밴드(그림 3의 밴드 a, b, c, d, e, f)가 확인되었다.

또한 재현성 실험 결과 1차 실험과 동일한 결과를 나타내었다. 102번 primer에서 500bp 의 밴드 a가 '건우'에서 특이적으로 나타났으며, 275번 primer에서도 다른 품종에서는 나타나지 않는 밴드 b가 600bp에서 관찰되었다. 280번 primer에서 밴드 c가 400bp에서, 295번 primer에서 밴드 d가 약 750bp에서 각각 나타났으며, 마지막으로 300번과 739번 primer에서 '건우'에서만 볼 수 있는 특이적인 밴드 e와 f가 각각 680bp, 300bp에서 관찰되었다.

이상의 결과로 밴드 a, b, c, d, e, f는 '건우'에서만 나타나는 분자생물학적 특성이라 말할 수 있으며 다른 버뮤다그래스 계통과 구별되는 DNA상에서의 차이, 즉 유전적인 차이가 있음을 나타낸다.

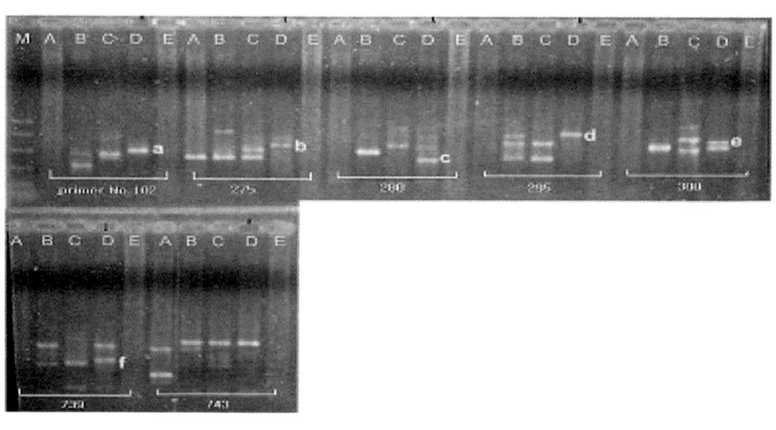

Fig 3. Plolymorphic difference between 'Konwoo(BK 3)' and four zoysiagrass lines with RAPD analysis.

4.3.3. 내한성 검정

지역별 버뮤다그래스의 월동력을 분석한 결과 제주 > 부산=경남(의령) > 서울 순으로 생존율이 높았으나 경기(화성, 안성)에서는 생존율이 매우 낮게 나타났다(표 2). 이는 서울의 경우 도시 열로 인한 지온(地溫, soil temperature)의 변화가 적어 버뮤다그래스의 월동에 긍정적인 영향을 미쳤기 때문으로 판단된다. 그러나 경기지역의 경우 버뮤다그래스의 월동률은 낮지만 이듬해 6월 초순부터 일부 생존한 버뮤다그래스의 왕성한 생육으로 피복율이 많이 회복되었다.

계통별 버뮤다그래스의 월동력을 조사한 결과 남부지역과 서울에서는 '건우'와 'BK 1'가 월동력이 높은 것으로 나타났지만 중부지역에서는 차이가 적었다.

중부지역에서 식재시기 및 식재방법에 따른 버뮤다그래스의 월동력은 식재 시기가 늦을수록, 식재 방법이 평 떼보다 잎줄기를 식재 할수록 월동력이 급격히 감소하는 것으로 나타났다(표 3). 이는 평 떼 식재의 경우 땅속에 내한성이 비교적 강한 지하 포복경이 많이 발생되어 있지만 잎줄기 식재의 경우 식재 당 년에 지상 포복경의 발달이 왕성하지만 지하포복경의 발생은 거의 이루어지지 않기 때문이다.

따라서 우리나라 잔디 운동장에 버뮤다그래스 '건우'를 사용하기 위해 지역별 사용 가능성과 배토 시기 및 량, 적합한 토양, 시기별 깎기 높이, 한지형 잔디 덧파종 등 월동력 향상을 위한 연구가 지속되어야 할 것이다.

Table 2. Cold tolerance of 'Konwoo' and five lines of bermudagrass in Korea.

Province	Lines			
	'Konwoo'	'Tifway 419'	'Tour turf'	'BK 1' (fine leaf)
Seoul	7	5	1	7
Hwasung	3	2	1	3
Ansung	3	2	1	3
Pusan	8	7	5	8
Gyeongnam	8	7	5	8
Jeju	9	9	7	9

Cold tolerance 1~9 scale, 9=strong

Table 3. Effect of planting methods and time for LSD on cold tolerance of 'Konwoo' bermudagrass at Seoul, Korea.

Treatments		Dates of observation	
		May 4, 2002	May 10, 2003
Planting method	Sod	[y]9	9
	Plugging	9	9
	LSD[z]	3	3
Planting time	May	7	7
	September	3	3

Note) y: Cold tolerance 1~9 scale, 9=strong
z: LSD=Leaf & Stem Dressing

이상의 결과를 종합하면 '건우'는 우리나라 남부지역의 운동장, 심한 답압 (踏壓, compaction)이 가해지는 장소, 도로사면, 공원, 공장 또는 주택단지, 임해 매립지 녹화, 비행장 등 잔디 면을 빠른 시일 내 조성하고자 하는 곳에 유용하게 이용될 수 있을 것이다(부록 9.15). 그러나 Dipaola 등(1981)의 보고와 같이 우리나라와 같은 전이지대 환경하에서 버뮤다그래스 '건우'는 녹색 기간이 들잔디와 같이 짧고, 엽색이 연녹색이며, 휴면기 흑갈색으로 지상부

가 완전 고사하여 지저분하며, 내마모성이 감소하고 내한성이 약한 단점이
있다.

따라서 우리나라에서 안정적으로 '건우'를 사용할 수 있는 지역은 국내 남
부지역과 일부 중부지역으로 제한되며, 중부지역에 '건우'를 사용할 경우 시
공시기는 9월 이전, 식재 방법은 점 떼보다는 뗏장으로 시공하는 것이 동계
월동력을 향상시킬 수 있을 것으로 판단된다. 또한 켄터키 블루그래스 또는
퍼레니얼 라이그래스를 가을 덧파종 하면 사용기간이 증가하며, 겨울 휴면기
동안 '건우'의 급격한 내마모성 감소를 방지하고, 동해를 감소시키는 효과가
있으므로 운동장 잔디로 '건우'를 이용 시 이를 적극 활용하는 것이 좋을 것
으로 판단된다.

본 연구는 우리나라 환경에 적합한 운동장용 버뮤다그래스 신품종 개발을
위하여 '건우'의 형태적, 분자생물학적 특성 및 내한성에 관한 연구로써 시
공 방법과 시기, 관리 수준 및 이용 형태에 따른 생리적 특성변화 등에 관한
연구가 부족하므로 이에 대한 연구가 지속되어야 할 것이다.

4.3.4 버뮤다그래스 신품종 '건우' 실용화 사례

버뮤다그래스 '건우'에 켄터키블루그래스를 덧파종(부산 남구 용현동 백운포)

제5장 기능성 잔디 운동장 조성을 위한 한국잔디류의 혼식(MLD)기술

5.1. 서론

　스포츠 또는 조경용으로서의 한국잔디의 단점을 개선하기 위해 미국, 일본, 한국 등에서 생육이 빠른 중엽 또는 세엽형 잔디 선발과 육종이 수행되고 있다(Funk, 1981, 1989; Murray 등, 1983; Hong, 등, 1985; Engelke 등, 1989; Fukuoka, 1990). 그 결과 영양번식 또는 종자번식형인 'Zenith', 'SR 계통', 'Meyer', 'Miyako', 'Koreana' 등 들잔디보다 우수한 신품종들이 보급되고 있다(Forbes, 등, 1955; National Turfgrass Evaluation Program, 1994; Samudio, 1996). 그러나 이 품종들은 한국잔디류의 여러 가지 단점들 중 한두 형질만 개선한 것으로 다양한 조건의 운동장에 적합한 잔디를 육종하는 데는 많은 시간과 노력이 소요되고 있는 실정이다(김 등, 1996; 주 등 1997).

　이런 육종적 한계를 극복하기 위해 한지형 잔디의 경우 운동장용으로 두 가지 이상의 잔디류와 품종들을 혼파하여 각 단점들을 극복하고 장점을 극대화하는 것이 보편화되어 있다(Beard, 1973; 안, 1997; 김 등 1999b). 반면 한국잔디와 버뮤다그래스 등과 같이 주로 영양번식 하는 잔디들은 한가지 품종 또는 계통으로 잔디 운동장을 조성하고 있다. 이는 혼식을 위한 여러 우수 계통을 확보하고 있지 않거나 혼식으로 인한 생육경쟁으로 한 계통의 우점현상(優點現狀, dominance) 발생과 시공의 복잡성 때문으로 판단된다. 그러나 김 등(1996)의 보고와 같이 한국잔디의 다양한 유전변이를 활용한 혼식 기술이 개발된다면 한국잔디 운동장의 느린 회복속도와 휴면기 내마모성이 약한 단점을 개선하고 장점을 극대화할 수 있을 것이다.

따라서 본 실험은 한국잔디류로 기능성 잔디 운동장 조성 시 두 가지 이상의 품종 또는 계통들의 혼식기술(混植, Mixed Lines Dressing, MLD)을 개발하고자 하였다.

5.2. 재료 및 방법

5.2.1. 처리내용 및 실험구 배치

공시 잔디는 한두 가지의 우수한 특성을 가진 한국잔디류 중 품질이 우수하고 생육이 빠른 광엽, 중엽, 세엽 계통을 사용하였다(표 1). 광엽 또는 중엽 계통과 세엽 계통의 혼식비율은 1:2의 부피비율로 하였고 14개 혼식조합(ZKV1 +ZKV4, ZKV1+ZKV2, ZKV1+FL-41, ZKV1+M2S2, M1J+ZKV4, M1J+ ZKV2, M1J+FL-41, M1J+M2S2, M1J+ZK113, ZJ+ZKV4, ZJ+ZKV2, ZJ+ FL-41, ZJ+M2S2, ZJ+ZK113)을 1998년 3월 18일에 1m×1m 실험구에 branch dressing법으로 조성하였다. 대조구로 *Z. jaopnica* Steud.(광엽), 'ZKV1(중엽)', 'M1J(중엽)', 'ZKV4(세엽)'를 branch dressing 방법으로 단식하였다. 실험구의 배치는 난괴법 3반복으로 실험하였다.

Table 1. Growth Characteristics of zoysiagrass lines used in this study.

Leaf types	Lines	Growth characteristics
Broad leaf (over 5.0mm)	*Z. japonica* ('ZJ')	medium recoverage high plant height(over 25cm) strong wear tolerance long dormancy period(7 months) prostrate type(below 45°between surface and tillers)
Medium leaf (3.0~4.9mm)	'ZKV1' 'M1J'	rapid recoverage medium plant height(over 20 to 24cm) medium dormancy period(6 to 7 months) erect type(over 60°between surface and tillers)
Narrow leaf (1.0~2.9mm)	'Fl-41' 'M2S2' 'ZK096' 'ZK113' 'ZKV2' 'ZKV4'	excellent turf quality slow recoverage low plant height(below 19cm) short dormancy period(5 to 6 months) erect type(over 60°between surface and tillers)

5.2.2. 실험 포지 관리

본 실험은 1998년 4월부터 12월까지 수행되었으며 시비는 초기생육을 위해 원예복비(10-11-5)를 인산질 비료를 기준으로 45g/㎡를 시비하였고 생육기는 질소질 비료를 기준으로 월 1회 5g/㎡ 시비하였다. 관수와 깎기는 필요시마다 하였고 깎기 높이는 3cm를 유지하였다.

5.2.3. 조사항목 및 분석

혼식 처리구와 단식 처리구의 특성을 분석하기 위해 조성속도, 밀도, 유전적 엽색 조화도, 질감, 휴면시기, 휴면색, 피복률, 잔디품질 등 시각적 특성을 조사하였다(Turgeon, 1991; Ruemmele 등, 1993; 안 등, 1993). 조성속도는 이식 후 조기 활착 여부에 따른 관리요구 수준, 토양 안정화 정도 그리고 잔디면 이용 시기 등을 분석하기 위해 조사하였고, 잔디품질은 서로 다른 특성을 가진 계통이 혼식된 후 생육경쟁으로 인한 한 계통의 우점현상 등 부정적인 영향을 분석하기 위해 조사하였다.

조성속도는 5월 4일, 5월 21일, 6월 4일에 뿌리 활착, 잔디 생육, 포복경으로부터 신초 발달 정도, 신초 성립본수(新草 成立本數) 등을 고려하여 평가하였고, 피복률은 각 처리가 1㎡ 실험구를 피복하고 있는 비율을 percent로 나타내었으며, 휴면 정도는 계통 간 차이가 가장 뚜렷한 11월 2일에 조사하였다. 신초 밀도, 질감, 엽색, 휴면시기, 휴면색(休眠色, colour during dormancy) 등은 1~9등급으로 나누어 시각적으로 평가하였다. 잔디품질은 생육기간 중 균일도(均一度, uniformity), 색상, 질감, 대취 발생률, 병 발생률, 피복률 등 각 계통들의 모든 특성을 고려하여 1~9 등급으로 평가하였다. 조사된 자료는 Duncan의 다중검정으로 분석하였다.

5.3. 결과 및 고찰

5.3.1. 조성속도 및 피복률 변화

세엽 단식 처리구(ZKV2)의 조성속도는 5월 24일에 3.3이였고 중엽 단식 처리구인 ZKV1과 M1J는 각각 4.3과 4.0 정도로 세엽 단식 처리구와 차이가 적었지만 시일이 경과할수록 중엽 단식 처리구의 뿌리 활착이 양호하고 신초 생육이 빨라 차이가 크게 나타났다. 반면 광엽 또는 중엽계통에 세엽이 혼식된 혼식 처리구의 조성속도는 세엽 또는 중엽 단식 처리구보다 빨랐으며 높은 통계적 유의성이 있었다(표 2).

피복률 역시 혼식 처리구의 피복률이 세엽 또는 중엽의 단식 처리구보다 높았다. 7월 22일 마지막 조사에서 광엽 1개, 중엽 2개 및 세엽 1개 계통들의 단식 처리구 피복률이 각각 88.3, 76.6, 83.0, 60.6%이였으나 이 계통을 사용한 혼식 처리구의 피복률이 대부분 95% 이상으로 매우 높았다. 그러나 세엽 계통이 사용된 대부분 혼식 처리구의 조성속도와 피복률이 상승효과를 보인 반면 세엽 계통 FL-41이 사용된 혼식 처리구는 오히려 단식 처리구보다 저조하였다. 이는 FL-41이 다른 세엽에 비해 신초 밀도가 매우 높아 광엽 또는 중엽 계통의 포복경이 FL-41의 포복경과 잘 혼합되어 생육하기 어렵기 때문으로 판단된다.

Table 2. Effect of mixed lines dressing on establishment rate and coverage in zoysiagrass.

Treatments	Establishment rate			Coverage(%)		
	5/4	5/21	6/4	6/11	6/29	7/22
[y]KV1	[z]4.3a	5.6a	7.3ac	53.0de	68.3abc	76.6de
ZKV1+ZKV4	4.0a	3.0bc	8.3a	62.3a	77.3ef	93.0de
ZKV1+ZKV2	4.3a	4.3ab	8.3a	57.3ab	80.0bc	94.0bcde
ZKV1+FL−41	2.3b	1.3d	6.3c	40.0d	67.3g	93.3cde
ZKV1+M2S2	3.3ab	4.3ab	9.0a	55.0abc	82.3ab	98.0a
M1J	4.0ab	5.0ab	7.0bc	48.0abc	75.0ab	83.0ab
M1J+ZKV4	4.3a	4.3ab	9.0a	62.3a	77.3cd	97.3ab
M1J+ZKV2	3.0ab	4.3ab	9.0a	57.3ab	80.0bc	98.3a
M1J+FL−41	3.3ab	2.0cd	8.0ab	42.3cd	75.0de	96.0abcd
M1J+M2S2	4.0a	4.3ab	8.0ab	67.3a	85.0a	97.3ab
M1J+ZK113	4.0a	3.0bc	9.0a	57.3ab	77.3cd	98.3a
ZJ	3.0ab	2.3cd	6.0c	47.3bcd	77.3ef	88.3f
ZJ+ZKV4	4.3a	5.0a	8.0a	65.0a	85.0a	96.3abc
ZJ+ZKV2	4.3a	4.3ab	7.0bc	62.3a	80.bc	97.0ab
ZJ+FL−41	2.3b	1.3d	6.0c	40.0d	7.0fg	88.3f
ZJ+M2S2	3.0ab	1.3d	7.0bc	40.0d	7.0fg	96.3abcde
ZJ+ZK096	3.3ab	3.3bc	7.0bc	55.0abc	75.0de	92.3e
ZKV2	3.3b	3.3ab	4.5d	35.0bc	41.6d	60.6f
DMRT[z]	**	**	**	**	**	**

Establishment rate 1~9 scale, 9=best.
[y]Leaf type for the lines are in table 1.
[z]Duncan's multiple range test.
** : Mean separation within column by Duncan's multiple range test at 1% level.

5.3.2. 밀도, 질감, 엽색, 휴면시기 및 휴면색 분석

광엽＋세엽(ZJ＋ZKV4, ZJ＋M2S2) 또는 중엽＋세엽(ZKV1＋ZKV2, ZKV1＋M2S2) 혼식 처리구의 신초 밀도는 광엽 또는 중엽 단식 처리구(ZKV1, M1J, ZJ, ZKV2)보다 매우 높았으며 이는 세엽 계통의 높은 신초 밀도가 혼식 처리구의 신초 밀도 향상에 긍정적인 영향을 주었기 때문이다. 신초 밀도는 휴면기 내마모성과 운동 경기 시 공 탄력성과 인체 보호에 밀접하게 연관되어 있어 잔디 면의 품질을 결정하는 중요한 요소이므로 답압이 심한 운동장, 골프장 등에 혼식기술을 사용하면 한국잔디의 단점을 개선하고 이용 효율을 극대화시킬 수 있을 것으로 판단된다(표 3, 그림 1, 2).

엽폭에 따른 잔디 질감 비교에서도 혼식 처리구(ZKV1＋ZKV2, ZKV1＋ZKV4)의 질감은 중엽 단식 처리구(ZKV1)보다 더 향상되었다. 그러나 엽폭의 차이가 많은 광엽(ZJ)과 세엽(ZKV2)의 혼식 처리구는 질감 차이가 뚜렷하여 약간의 부조화가 나타나는 경향이 있었다(표 3, 그림 3).

엽색 조화도(調和度, harmony)를 분석한 결과 세엽 계통(ZKV2)의 영향으로 혼식 처리구(ZKV1＋ZKV2, ZJ＋ZKV2, M1J＋ZK113)는 광엽 단식 처리구(ZJ)보다 녹색도가 전반적으로 진하게 향상되었다(표 3, 그림 3). 그러나 각 계통의 유전적 엽색이 달라 가까운 거리에서 혼식 잔디 면을 볼 때 약간의 부조화를 보였으나 멀리서 볼 때는 그 영향이 미미하였다.

혼식이 한국잔디의 녹색기간에 미치는 영향을 분석한 결과 광엽 또는 중엽 단식 처리구에 비해 혼식 처리구(ZKV1＋ZKV4, ZKV1＋ZKV2, M1J＋ZKV4, ZJ＋ZKV2)의 녹색기간이 20～30일 정도 길게 연장되었다.

혼식 처리구(ZJ＋ZKV2)의 휴면색은 황금색으로 광엽 단식 처리구(ZJ)의 흙갈색보다 양호하게 나타났다. 이는 세엽 계통(ZKV2)의 휴면색이 황금색으로 우수하기 때문이다(표 3).

Table 3. Effect of mixed lines dressing on shoot density, texture, leaf color, dormancy time and colour during dormancy in zoysiagrass.

Treatments	Shoot density	Texture	Leaf color		Dormancy time			Colour during dormancy
	7/22	7/22	7/22	10/1	10/21	10/28	11/2	12/8
[y]ZKV1	[z]7.3bc	7.3bc	6.0b	7.0cdef	8.3ab	6.6bc	5.6bc	6.0bc
ZKV1+ZKV4	6.3c	9.3a	7.0a	7.3abc	8.3ab	7.3ab	6.3a	6.8ab
ZKV1+ZKV2	9.0a	9.3a	7.3a	8.3a	8.0bc	8.0a	6.3a	7.8a
ZKV1+FL−41	7.3bc	8.3b	7.0a	7.3abc	8.3ab	7.3ab	6.0ab	7.2a
ZKV1+M2S2	8.3ab	9.0a	7.0a	7.3abc	8.3ab	7.3ab	5.0bc	7.2a
M1J	6.5c	7.0c	6.0b	7.0cdef	7.0bc	6.0bcd	4.0ef	5.8cd
M1J+ZKV4	7.3bc	9.0a	7.0a	7.0abc	8.3ab	7.0abc	6.3a	6.5b
M1J+ZKV2	8.0ab	9.0a	7.0a	8.0ab	8.0bc	6.3bc	6.0ab	7.3a
M1J+FL−41	7.3bc	8.0b	7.0a	7.3abc	8.0bc	7.3ab	5.0bc	7.0ab
M1J+M2S2	8.0ab	8.0b	7.0a	8.0ab	8.3ab	6.0c	6.0ab	7.0ab
M1J+ZK113	7.3bc	7.9b	7.0a	7.3abc	9.0a	7.0abc	6.0ab	7.0ab
ZJ	5.0d	5.2d	5.0c	6.0c	5.3f	4.3d	2.3d	5.0d
ZJ+ZKV4	8.0ab	7.0c	7.0a	7.3abc	8.0bc	7.3bc	5.0bc	5.9c
ZJ+ZKV2	6.3c	7.3bc	7.0a	8.3a	7.3cd	8.0a	6.3a	6.4b
ZJ+FL−41	5.0d	7.1bc	6.3b	6.0c	6.0e	6.0c	4.3c	6.2c
ZJ+M2S2	7.3bc	7.3bc	7.0a	6.3bc	7.0d	6.0c	3.0d	6.0c
ZJ+ZK096	6.0cd	7.0c	7.0a	6.3bc	7.0d	7.3bc	4.3c	5.8c
ZKV2	9.0a	9.3a	9.0a	9.0a	9.0a	8.0a	7.0a	8.0a
DMRT[z]	**	**	**	*	**	**	**	**

Shoot density 1~9 scale, 9=maximum density; Texture 1~9 scale, 9=finest;
Leaf color 1~9 scale, 9=dark green; Dormancy 1~9 scale, 9=no dormancy;
Colour during dormancy 1~9 scale, 9=gold
[y]Leaf type for the lines are in table 1. [z]Duncan's multiple range test.
* : Mean separation within column by 5% level.
** : Mean separation within column by 1% level.

Fig 1. Poor turf quality of single line dressing(control) in zoysiagrass(broad leaf).

Fig 2. Improved turf quality of mixed lines dressing(MLD) with a ratio of 1 to 2(broad leaf: narrow leaf) by volume in zoysiagrass.

Fig 3. Excellent turf quality of mixed lines dressing(MLD)
with a ratio of 1 to 2(medium leaf: narrow leaf) by
volume in zoysiagrass

5.3.3. 잔디품질 변화

광엽 단식 처리구의 잔디품질은 불량하였으며 이는 낮은 신초 밀도, 광엽, 눕는 형의 생육특성으로 인해 하엽(下葉)의 황변화율이 직립형인 세엽보다 높았기 때문으로 판단된다. 세엽 단식 처리구 역시 낮은 피복률과 잔디 면의 요철(凹凸)로 인해 잔디품질이 불량하였다. 그러나 혼식 처리구에서는 광엽 및 세엽 계통의 단점이 잘 상호 보완 되어 잔디품질이 광엽 또는 세엽 단식 처리구보다 우수한 결과를 보여주었다(표 4, 그림 2, 3).

또한 혼식 처리구에서 발생할 것으로 우려되었던 한 계통이 다른 계통에 대한 우점현상은 나타나지 않았다. 이는 혼식 후 세엽 계통은 밀도가 높아 밀도가 낮은 광엽 또는 중엽의 포복경과 잘 혼합되어 생육하기 어렵고 실험이 단기간에 수행되었기 때문으로 판단된다. 잔디 운동장에 중엽과 세엽 계통을 혼식하였을 경우 두 계통 중 한 계통이 우점한다면 이용 후 회복력 차이로 중엽계통이 우점할 것으로 판단되며 이 중엽 계통은 들잔디보다 품질,

생육속도 등에서 우수한 계통을 사용하였으므로 혼식의 효과는 감소될지라도 현재 많이 사용하고 있는 들잔디보다 품질이 우수하므로 큰 문제는 없을 것으로 판단된다.

Table 4. Effect of mixed line dressing on visual turf quality of zoysiagrass.

Treatments	Dates of observation						
	6/29	7/22	8/10	8/21	9/3	9/17	10/1
[y]ZKV1	[z]6.3cd	7.5b	8.0ab	8.0b	8.3a	8.3ab	8.0a
ZKV1+ZKV4	6.3cd	6.3b	8.0ab	8.0b	8.0ab	9.0a	9.0a
ZKV1+ZKV2	8.0ab	8.3a	9.0a	9.0a	8.3a	9.0a	9.0a
ZKV1+FL−41	6.3cd	6.3b	9.0a	8.0b	7.3abc	9.0a	9.0a
ZKV1+M2S2	9.0a	9.0a	9.0a	9.0a	6.3cde	8.0bc	9.0a
M1J	5.3de	6.3b	7.3b	7.3bc	8.0ab	8.0bc	8.0b
M1J+ZKV4	4.3ef	8.0a	7.3b	9.0a	7.0bcd	8.0bc	9.0a
M1J+ZKV2	8.3a	9.0a	8.7a	7.3bc	6.0d	9.0a	9.0a
M1J+FL−41	7.0bc	8.0a	8.0ab	7.0c	7.0bcd	8.3ab	9.0a
M1J+M2S2	8.3a	9.0a	9.0a	6.0a	5.3e	8.0bc	9.0a
M1J+ZK113	7.0bc	8.3a	8.0a	8.0b	6.3cde	9.0a	9.0a
ZJ	6.0cd	6.0bc	6.0c	5.3d	6.0de	6.3e	7.0c
ZJ+ZKV4	4.0f	5.0c	4.0e	6.0c	8.0ab	7.3cd	8.3ab
ZJ+ZKV2	4.3ef	6.3b	6.0c	7.0c	8.3a	7.3cd	9.0a
ZJ+FL−41	4.0f	5.0c	6.0c	6.0c	6.0de	8.0bc	8.0b
ZJ+M2S2	5.3de	6.3b	5.3cd	7.0c	6.3cde	7.3cd	8.3ab
ZJ+ZK096	4.0f	5.0c	5.0d	6.0c	8.3a	7.0de	8.0b
ZKV2	4.0f	4.5d	5.0d	5.0d	5.3f	5.6f	6.1d
DMRT[z]	**	**	**	**	**	**	**

Visual turf quality 1~9 scale, 9=best.
[y]Leaf width of the lines are in table 1.
[z]Duncan's multiple range test.
** : Mean separation within column by Duncan's multiple range test at 1% level.

이상의 결과를 요약하면 한국잔디류의 혼식기술을 이용하면 한지형 잔디의 혼파와 같이 1) 복합 식생을 조성하여 잔디의 사용기간을 증대할 수 있고 2) 고밀도 잔디로 겨울 동안 내마모성 향상이 가능하며 3) 내병성 잔디를 혼식 시 병해에 강해질 수 있으며 4) 광의 요구가 다른 호음성(好陰性) 잔디와 호양성(好陽性) 잔디를 혼식하여 좋은 잔디 면을 조성할 수 있으며 5) 내건성, 내습성 잔디를 혼식하여 관리가 용이해질 수 있고 6) 사용목적에 맞는 기능성 운동장 조성이 가능할 것이다(Beard, 1973; Turgeon, 1991; 이, 1991; 김 등, 1993).

기존 들잔디 운동장의 단점을 개선하기 위하여 적합한 혼식 계통과 비율은 회복속도가 빠른 중엽 계통과 고품질, 고밀도인 세엽 계통을 1:2의 부피비로 혼식하면 우수한 잔디 운동장을 조성할 수 있을 것으로 판단된다. 그러나 혼식효과를 극대화하기 위해 생육특성이 다른 두 계통 간의 혼식 시 우점현상으로 인한 혼식효과의 감소 방안, 답압 후 회복률, 탄력성, 대취량, 뿌리 생육, 스트레스에 의한 영향, 계통별 적합 혼식비율, 계통별 균일한 혼합 방법, 효과적인 시공기술 개발 등에 대한 연구가 지속적으로 수행되어야 할 것이다.

제6장 경제적 잔디 운동장 조성을 위한 버뮤다그래스 신품종 '건우'의 잎줄기 드레싱(LSD) 기술

6.1. 서론

잔디 운동장 조성 시 이용수준, 조성지역의 환경, 시공비용 및 사후유지관리 정도 등을 고려해야 한다(Krnas 등, 1999; 구 등, 2003). 이중 잔디 운동장 시공비용은 잔디 면의 품질, 이용횟수 및 기간 등에 영향을 미친다.

우리나라의 잔디 운동장 시공비용은 고급 경기장을 제외하고 대부분 1억 원 미만으로 관배수 시설, 혼합토 조성 등 기본적인 공사도 어려운 실정으로 경제적인 잔디시공 기술에 대한 연구가 필요하다(부록 9.7).

우리나라 잔디 운동장의 잔디 조성은 대부분 파종, 평 떼 또는 롤 식재 등이 이용되고 있다. 파종방법은 씨드 스프레이, 씨드 벨트 등이 있으며 조성비용은 저렴하나 사용하기까지 관리가 필요한 단점이 있다(오 등, 2001). 반면 평 떼 또는 롤 식재는 조성비용이 고가이나 사후 관리비용이 적고 식재 1~2개월 후 사용할 수 있는 장점이 있다(구 등, 2003). 그러나 이들 잔디 조성 기술은 잔디의 채취에서 조성까지 조성비용이 고가이며, 조성과정이 복잡하고, 부분적 기계화 조성이 가능하며, 조성기간이 긴 등의 단점이 있다. 학교 운동장의 경우 학생들의 학습과 체육활동의 불편을 최소화하기 위해 방학 중에 잔디를 조성하고 공사기간을 줄이기 위하여 롤 잔디 조성이 적합하나 조성비용이 비싸 일반 잔디 운동장에 적용하기 어려운 실정이다.

따라서 본 연구는 우리나라 남부지역에 버뮤다그래스로 경제적인 잔디 운동장 조성기술을 개발하기 위해 '건우' 잎줄기의 재활용 가능성, 수확방법,

수확량, 절단 길이, 식재량 및 식재 깊이 등을 구명하고 이를 이용한 잔디 시공기술인 잎줄기 드레싱(Leaf and Stem Dressing, LSD) 기술을 개발하고자 하였다. 또한 잎줄기 드레싱 기술의 단점인 내한성이 약해지는 문제를 극복하기 위해 퍼레니얼 라이그래스 덧파종이 버뮤다그래스의 내한성 향상에 미치는 영향을 분석하였다.

6.2. 재료 및 방법

6.2.1. 잎줄기(깎인 잎, 刈芝物, clippings)의 재활용

고품질 잔디 면을 유지하기 위해 잔디 운동장은 생육기에 주 1~3회의 깎기 작업이 필요하다. 골프장의 경우 잔디 면이 평균 20만평 이상으로 대규모이고, 1회 잔디 깎기로 나온 깎인 잎이 다량(한지형 잔디로 조성한 18홀 골프장의 경우, 1회 깎기 시 깎인 잎양은 1톤 트럭 30대 분량)이어서 처리에 어려움을 겪고 있다. 깎기 시 발생하는 깎인 잎은 필드에 뿌려 재활용할 수 있지만 일반적으로 폐기물로 분류되어 폐기처분 한다(1일 폐기물 배출량이 300kg 이상 배출하는 사업장). 이는 미관상 불량하고, 발효 시 역한 냄새가 나며, 라지패치(Large patch) 등 병 발생의 원인이 되기 때문이다(한국잔디연구소·한국그린키퍼협회, 2001).

신품종 '건우'는 생육특성이 깎지 않고 2개월 이상 관리하면 직립경이 20~30cm 높이로 자라는데 이를 깎으면 3~5cm 길이의 잎줄기가 대량 생산된다. 본 실험은 깎기 작업 시 다량 발생하는 '건우' 잎줄기가 잔디 운동장 조성을 위한 재료로 사용 가능성을 구명하고자 하였다.

버뮤다그래스 '건우'를 2001년 5월 17일 식재 하여 초장이 20~25cm로 자라 100% 피복 된 '건우' 생산 포지(圃地)를 이용하였다. 2001년 8월 9일 로터리 모어로 '건우'를 깎은 후 생기는 깎인 잎(3~5cm 길이로 절단, 찢기고, 뜯기고, 상한 상태)을 통풍이 되는 쌀부대에 담아 물을 뿌려 그늘에 보관하여, 2001년 8월 10일 2~3cm로 깊이로 식재 하였다. 대조구로 '건우' 포복경 식재량은 1㎡당 1ℓ이며, 식재 후 100kg의 로울러로 답압 하였으며 피복률을 주기별로 조사하였다.

6.2.2. 잎줄기의 효율적 수확 및 량

'건우' 잎줄기는 깎기 시 밟힘, 찢김, 뜯김 등의 물리적 스트레스와 수확 시 잘린 잎줄기들이 사방으로 흩어져 햇볕 노출에 의한 건조, 야적(夜積) 시 고온부패 등의 환경적 스트레스를 받는다. 이런 스트레스는 잔디 면 조성 시 활착률과 조성속도에 많은 영향을 미치므로 싱싱한 잎줄기의 수확에 대한 연구가 필요하다. 본 실험은 '건우'의 잎줄기 수확 시 물리적, 환경적 스트레스를 줄이고 효율적인 잎줄기 수확 방안을 구명하고자 하였다.

공시재료는 2001년 5월 17일 식재 하여 초장이 20cm 이상 자란 '건우'를 이용하였다. 수확 중 물리적 스트레스를 줄이기 위해 수동식(手動式) 로터리 모어(non auto-rotary mower, 예지물의 배출구 좌측)와 자동식(自動式) 로터리 모어(auto-rotary mower, 예지물의 배출구 뒤쪽)를 사용하였다. 또한 잎줄기의 효율적 수확을 위해 자동식 로터리 모어는 예지물 박스(clipping box)의 밑 부분을 제거한 것과 하지 않는 것으로 하였다. 반면 수동식 로터리 모어의 경우 배출구 측면에 부대를 부착하여 잎줄기가 모이도록 하였다. 조사내용은 잎줄기의 길이, 스트레스 정도, 수확의 용이 등을 조사하였다.

6.2.3. 잎줄기의 절단 길이

잎줄기의 절단 길이는 식재 후 조성속도와 시공방법에 영향을 미친다. 유 등(1968)은 한국잔디의 포복경 절단 길이 실험에서 5cm보다 15cm 처리구의 피복속도가 빠르다고 하였다. 그러나 잎줄기 또는 포복경의 절단 길이가 길 경우 고압분사 등에 기계화 시공에 부적합할 뿐만 아니라 수확도 어렵다. 본 실험은 '건우'의 잎줄기를 이용한 드레싱 시공 시 적합한 잎줄기 절단 길이 를 구명하고자 하였다.

잎줄기의 절단 길이는 3cm와 5cm 처리구로 하여 m²당 1l을 식재하였다. 조사항목은 피복속도를 주기별로 조사하였으며, 실험구 크기는 2m×2m으로 3반복 완전임의 배치하였다.

6.2.4. 잎줄기의 m² 당 식재량 및 깊이

잎줄기의 신선도, 식재 시기, 식재량과 깊이 및 식재 후 사후관리 등은 '건우'의 시공 후 잔디 면 조성속도에 영향을 미친다. 특히 잎줄기의 식재량 과 깊이는 잔디의 활착과 생육에 영향을 미칠 뿐만 아니라 작업시간, 작업의 용이, 기계화 등 경제성과 밀접한 관계가 있다. 본 실험은 버뮤다그래스 '건 우' 잎줄기를 묘종(苗種)으로 사용하여 잔디 운동장 조성 시 1m² 적합 식재 량과 식재 깊이를 구명하고자 하였다.

잎줄기는 절단 후 2시간 동안 그대로 방치하여 건조시켜 부피변화를 최소 화하였다. 식재량은 1l 우유팩에 절단된 잎줄기를 누르면서 다져 준비한 것 을 1m²당 0.5l, 1l, 2l, 3l로 2001년 5월 16일 드레싱 하였다.

식재 깊이는 2~3cm와 6~10cm 처리구로 하였으며, 조사항목은 피복속도 를 주기별로 조사하였으며, 실험구 크기는 2m×2m으로 3반복 완전임의 배치 하였다.

6.2.5. 잎줄기 드레싱 기술

잔디의 일반적 번식부위는 종자, 포복경 등으로 나눌 수 있다. 종자와 포복경을 이용한 잔디 생산과 조성 기술은 스프리깅(sprigging), 점 떼, 줄 떼, 평 떼, 롤, ZN공법, 섬유 넷 공법, 종자부착공법, 씨드 스프레이, 유공 씨드 벨트, 포복경 스프레이 등이 이용되고 있다(심 등, 1998; 김 등, 1999; 오 등, 2001; 부록 9.2). 그러나 '건우'의 생육특성은 기존 잔디의 생육특성인 포복형과는 다른 직립형과 포복형 두 가지의 특성을 동시에 지니고 있다. 본 실험은 버뮤다그래스 '건우'의 잎줄기를 이용하여 잔디 운동장 조성에 적합한 시공기술을 개발하고자 하였다.

잎줄기 드레싱 처리구는 모래와 유기질 비료를 혼합하여 5cm 포설(鋪設, dressing) 후 식재층을 준비하고 1㎡당 1l의 잎줄기를 2001년 8월 2일 드레싱하였다. 그 후 트랙터 로터리로 3~5cm 깊이로 로터링(耕耘, rotarying) 한 후 100kg의 로울러로 답압 하였다. 대조구는 한국잔디류인 '제니스' 종자 파종 처리구, 중엽형 한국잔디류의 줄 떼 처리구 및 ZN공법 처리구로 하였다. 조사항목은 잎줄기 드레싱 후 잔디 면 조성속도, 시공 단가, 잎줄기 드레싱의 장단점 등을 분석하였다.

6.2.6. 퍼레니얼 라이그래스 덧파종이 '건우'의 내한성에 미치는 영향

'건우' 잎줄기 드레싱 기술은 깎인 잎의 재활용과 시공효율 향상 등의 장점이 있는 것으로 나타났다. 그러나 중부지역에 잎줄기 시공 시 당년(當年)에는 지하 포복경의 발달이 늦어 뗏장 시공보다 월동력이 떨어지는 단점이 있다. 내한성 향상을 위한 예비실험 결과 겨울 비닐 피복을 하면 우리나라 어느 지역에서도 버뮤다그래스는 월동을 하고 그 피해는 적은 것으로 나타났다. 그러나 비닐 피복은 지저분하며, 자유로운 운동장 이용이 어려운 단점이 있다.

반면 '건우'에 퍼레니얼 라이그래스를 덧파종 한다면 내한성과 휴면기 내마모성을 향상시키고 잔디 면 이용기간을 늘릴 수 있을 것이다. 본 실험은 '건우'에 퍼레니얼 라이그래스 덧파종이 '건우'의 월동력에 미치는 영향을 구명하고자 하였다.

버뮤다그래스 '건우'로 조성된 건국대 포장에서 2001년 9월부터 2002년 6월까지 실험하였다. 퍼레니얼 라이그래스(PR)를 m^2당 40g씩 9월 17일 덧파종하고 0.5mm 두께로 배토 하였다. 실험구의 크기는 5m×5m이며 3반복 완전임의 배치하였다. 조사항목은 2002년 3월 '건우' 포복경의 생존여부를 조사하였다. 생존한 지상 포복경은 줄기가 녹색을 띠고 있으며, 지하 포복경은 흰색을 유지하고 있다.

6.3. 결 과 및 고 찰

6.3.1. 잎줄기의 재활용

잎줄기와 포복경 처리구 모두 식재 3일(8월 13일)부터 새 뿌리 생육이 시작되었고, 7일부터는 지상부의 2차 생육으로 높은 활착률을 나타내었으며 처리구 간의 차이가 적었다(표 1, 그림 1). 잎줄기 처리구는 깎기 시 물리적인 스트레스와 보관 또는 식재 후 환경 스트레스 등으로 활착력과 2차 생육이 부진할 것으로 예상되었으나 포복경 처리구와 조성속도의 차이가 적어 잎줄기가 시공 묘종(苗種)으로 사용될 수 있을 것으로 판단되었다. 또한 '건우'의 잔디 면 조성 특성은 활착 초기에는 지상 포복경의 왕성한 생육으로 지면을 먼저 피복하고 후기에는 지상 포복경에서 분얼(分蘖, tiller)이 촉진되어 잔디 면의 밀도를 향상시키는 것으로 나타났다.

Table 1. Establishment speed of stolon and clipping(leaf and stem) of 'Konwoo'. (Planting date: August 10, 2001)

Planting part	Dates of observation					
	6/17	6/19	6/21	6/22	6/24	6/26
Stolon	$3a^Z$	5a	7a	8a	9a	9a
Clippings	3a	4a	6a	8a	9a	9a

Establishment speed 1~9, 9=fast
^{Z}Mean separation within column by Duncan's multiple range test at 5% level.

Fig 1. Shoot and root growth of 'Konwoo' after clipping(leaf and stem) dressing(August 7, 2001)

6.3.2. 잎줄기의 효율적 수확 및 량

두 종류의 로터리 모어로 잔디를 깎은 후 나온 잎줄기의 길이는 자동식 로터리 모어가 3~5cm, 수동식 로터리 모어 3~7cm 정도로 자동식 모어보다 비교적 길게 절단되었다(표 2, 그림 2). 이는 수동식은 잎줄기가 잘린 후 바로 배출되기 때문이다.

잎줄기 수확 중 스트레스는 자동식이 수동식보다 더 심하게 나타났다. 이는 자동식은 예지물 배출구가 뒤에 있어 절단된 잎줄기가 쌓였다가 배출되는 데 비해 수동식은 절단된 잎줄기가 바로 배출되어 날에 의한 손상이 적었기 때문으로 판단된다.

잎줄기 수확을 위한 기계는 부착된 예지물 박스의 밑 부분을 제거한 자동식이 수동식보다 편리하였다. 예지물 박스 밑 부분을 제거하지 않았을 경우 깎인 잎들이 예지물 박스 안에 몰려 기계가 멈추는 현상이 나타났다. 반면 예지물 박스가 없는 수동식은 잎줄기가 흩어져 인력으로 수확하기 불편하였으며, 간이용 예지물 부대를 부착했을 경우도 잎줄기가 부대 안으로 들어가는 양이 적었다.

잘린 잎줄기를 인력으로 수거 시 $1m^2$ 당 $4l$가 수확되었으며 기계화 수확을 위해 스위퍼가 이용될 수 있을 것이다. 또한 잎줄기 수확시기는 식재 하루 전날이 좋으며 통풍이 잘되는 쌀부대에 담아 75% 검정 차광막을 씌워 물을 뿌려 그늘에 보관하는 것이 가장 좋을 것으로 판단된다. 이는 잘린 잎줄기는 많은 열을 발생하여 쉽게 부패되기 때문이다.

Table 2. Harvesting method of leaf and stem in 'Konwoo' bermudagrass.

Type of mower	Cutting length (cm)	Injury of leaf and stem	Efficiency of harvesting
Auto-rotary mower	3~5	9a[z]	9a
Non auto-rotary mower	3~7	1b	1b

Injury of leaf and stem 1~9, 9=Low
Efficiency of harvesting 1~9, 9=High
[z]Mean separation within column by Duncan's multiple range test at 5% level.

Fig 2. Harvesting of leaf and stem in 'Konwoo' bermudagrass using auto-rotary mower(Aug. 10, 2001).

6.3.3. 잎줄기의 절단 길이

절단 길이(3, 5cm)에 따른 '건우' 잎줄기의 피복률 차이는 적었다(표 3). 이는 3~5cm 길이로 절단되는 로터리 모어를 이용한 잎줄기 수확이 가능하며, 잎줄기 시공 시 절단 길이에 따른 잔디 생육의 차이가 적어 균일한 잔디 면 조성이 가능한 장점으로 판단되었다.

Table 3. Effect of cutting length(cm) of clippings on coverage rate(%) of 'Konwoo' bermudagrass.

Cutting length(cm)	Dates of observation		
	6/10	7/10	8/1
3	40b[z]	80b	100a
5	45a	85a	100a

[z]Mean separation within column by Duncan's multiple range test at 5% level.
(Planting date: May 10, 2001)

6.3.4. 잎줄기의 ㎡ 당 식재량 및 깊이

6.3.4.1. ㎡ 당 식재량

잎줄기의 ㎡ 당 식재량이 $3l$인 처리구에서 피복속도가 가장 빨랐다(표 4). 반면 $1l$, $2l$ 처리구는 $3l$ 처리구보다 일주일 정도 늦었지만 재료 원가를 고려할 때 잔디 운동장 조성용 잎줄기의 식재량은 1㎡당 $1\sim2l$가 적합할 것으로 판단된다. 그러나 ㎡당 적합 잎줄기의 식재량은 스트레스 정도, 보관기간, 생육적기 및 시공 환경과 사후 관리 정도 등에 따라서 그 양을 조절해야 할 것으로 판단된다.

Table 4. Effect of planting amount(l) of clipping on coverage rate(%) of 'Konwoo' bermudagrass.

Planting amount ($l/㎡$)	Dates of observation				
	5/30	6/17	7/10	7/23	7/30
0.5	5d	20d	30d	50d	70c
1	10c	30c	50c	70c	90b
2	20b	40b	60b	80b	100a
3	30a	60a	80a	100a	100a

[z]Mean separation within column by Duncan's multiple range test at 5% level. (Planting date: May 16, 2001)

6.3.4.2. 식재 깊이

'건우' 잎줄기의 식재 깊이는 $2\sim3cm$ 처리구가 $5\sim10cm$처리구보다 피복속도가 빨랐으며 식재 70일 만에 100% 피복 하였다(표 5). 이는 $2\sim3cm$ 처리구는 신초가 지표면 위로 빨리나와 $2\sim3$차 포복경의 분얼이 빨랐기 때문이다. 반면 $5\sim10cm$ 처리구는 신초가 늦게 나오고 부분적으로 분포하여 지면을 균일하게 피복하지 못하였다.

Table 5. Effect of planting depth(cm) of clipping on coverage rate(%) of 'Konwoo' bermudagrass.

Planting depth(cm)	Dates of observation				
	5/30	6/17	7/10	7/23	7/30
2~3	10a^z	40a	80a	100a	100a
5~10	5b	20b	40b	60b	80b

^{z}Mean separation within column by Duncan's multiple range test at 5% level.
(Planting date: May 10, 2001)

6.3.5. 잎줄기 드레싱 기술

6.3.5.1. 잔디 면 조성속도

'건우'의 잎줄기 드레싱 후 활착 기간은 3~4일로 짧았으나, 종자 파종 및 줄 떼와 ZN방식으로 한국잔디 포복경을 식재한 처리구는 15~30일로 길었다. 이는 버뮤다그래스 '건우' 잎줄기가 한국잔디 포복경보다 건조에 강하여 환경에 대한 스트레스가 적을 뿐만 아니라 초기 생육이 빠르기 때문으로 판단된다(Krnas, 1999). 또한 '건우' 잎줄기를 적기 시공 후 관리를 잘한다면 조성 2개월 후 피복률이 100%에 도달되었지만 잔디 면을 이용하기까지는 최소 3개월 정도 필요할 것으로 판단된다(표 6, 7, 그림 3; 부록 9.13).

Table 6. Period(days) of turf establishment.

Construction technology	Establishment period(days)											
	20	30	40	50	60	70	80	100	120	140	160	180
LSD	[y]30a	60a	70a	80a	100a	100a	100a	100a	100a	100a	100a	100a
Seeding	2c	5c	20c	30c	40c	50c	60c	70c	80b	90b	100a	100a
Line sodding	5c	10c	15c	20d	25d	30d	35d	40d	45c	50c	60b	70b
Zoysia Net	10b	20b	30b	40b	50b	60b	70b	85b	100a	100a	100a	100a

y: Coverage(%)

[z]Mean separation within column by Duncan's multiple range test at 5% level.

* Planting date: May   * Planting amount of stolon: $1l/m^2$

* Turf establishment rate is different depending upon establishment time and conditions

Table 7. Process and automation rate(%) of turf establishment.

Construction technology	Process	Automation rate(%)
LSD	Bed preparation Dressing of leaf and stem Rotarying and topdressing Rolling	Automation (100%)
Seeding	Bed preparation Raking Seeding Topdressing Rolling	Partial-automation
Line sodding	Bed preparation Planting Rolling	Man power
Zoysia Net	Scatter stolon on fiber net Bed preparation Topdressing Rolling	Partial-man power

Fig 3. Establishment of 'Konwoo' after leaf and stem(clipping)
dressing (August 10, 2001)

6.3.5.2. 시공 단가

잔디 운동장 조성을 위하여 '건우' 잎줄기 드레싱을 할 경우 m^2당 조성비
는 2,780원 내외로 Zoysia net(ZN)공법 4,000원보다 1,200원 저렴한 것으로 조
사되었다(부록 9.9). 이는 잎줄기 드레싱 시공 재료인 잎줄기가 저렴하며 시
공과정이 단순하고 기계화 시공이 가능하기 때문이다. 반면 ZN 공법은 현장
에서의 시공이 매우 간편하지만 전체 공정으로 볼 때 사전 준비가 많이 필
요하였다. 이는 ZN 시공을 위해 공장에서 명주 그물에 포복경을 펼치고 다
시 명주 그물을 덮어 롤형으로 만 후 발아촉진 저장을 하여 현장에 반입하
기 때문이다.

또한 '건우' 잎줄기 드레싱은 한국잔디보다 잔디 면 조성시기가 3배 이상 빨라 상당한 경쟁력이 있을 것으로 판단된다. 그러나 시공시기와 시공지역이 제한되어 이에 대한 지속적인 연구가 수행되어야 할 것이다.

6.3.5.3. 잎줄기 드레싱의 장단점

잎줄기 드레싱 기술은 '건우'의 잎줄기를 로터리모어로 3~5cm 길이로 절단수확하여 m²당 1l의 잎줄기를 드레싱 후 트렉터로 로터링하거나 2~3cm 기계 배토 하여 시공하는 기술로 자유로운 이용, 시공 비용절감 및 빠른 잔디 면 조성이 가능한 기술로 판단된다(부록 9.10; 9.13).

잎줄기 드레싱 기술의 장점은 1) 모든 공정의 기계화와 적은 인원으로 시공이 가능하고, 2) 포복경을 이용한 다른 시공법보다 시공 절차가 단순하여 시공비가 저렴하고, 3) 잎줄기가 가벼워 묘종의 수확과 운반이 매우 용이하고, 4) 대량생산을 위해 잎줄기 드레싱 할 경우 배토용 흙이나 모래가 필요 없으며, 5) 잎줄기 수확 횟수가 년 2회 가능하여 잔디 생산농가의 자본 회전률과 수익이 증가하고, 6) 흙을 포함한 뗏장 수확이 아니므로 생산지의 표토(表土, topsoil)가 감소되지 않으며, 평탄성이 훼손되지 않아 생산과 관리가 용이하며 7) 잎줄기 수확 후 깎긴 잔디 면의 잔디 밀도가 상당히 높아지는 부수적 효과가 있다(부록 9.10).

반면 잎줄기 드레싱 기술의 단점은 1) 시공 적기가 5~8월로 짧고, 2) 일부 중부지방에 시공이 제한되거나 내한성을 향상시키기 위한 대안이 필요하다. 특히 잎줄기 드레싱 기술은 뗏장 시공보다 월동력이 낮으므로 내한성 향상을 위해 주기적인 배토나 덧파종이 반드시 필요하다(부록 9.10).

6.3.6. 퍼레니얼 라이그래스 덧파종이 '건우'의 내한성에 미치는 영향

퍼레니얼 라이그래스를 덧파종한 처리구의 지상, 지하 포복경의 생존율은 매우 높았다(표 8, 그림 4). 이는 퍼레니얼 라이그래스의 왕성한 뿌리 생육과 대취가 버뮤다그래스의 지상포복경을 피복하였기 때문으로 판단된다. 반면 대조구의 지상 포복경은 100% 고사하였으며 지하 포복경의 생존율은 덧파종 처리구보다 낮게 나타났다.

Table 8. Effect of overseeding with perennial ryegrass on cold tolerance of 'Konwoo' bermudagrass during winter(2001~2002).

Treatments		Date of observation
		March 23, 2002
'Konwoo' bermudagrass	Stolon	1b[z]
	Rhizome	7a
'Konwoo'+Perennial ryegrass	Stolon	9a
	Rhizome	9a

Stolon color 1=brown, 9=green; Rhizome color 1=brown, 9=white
[z]Mean separation within column by Duncan's multiple range test at 5% level.

Fig 4. Stem and Root of 'Konwoo' overseeded by perennial ryegrass were alive under the winter conditions in Seoul.

제7장 종합 고찰 및 결론

7.1. 종합 고찰

잔디 운동장의 경제적 조성과 관리 및 자유로운 이용은 잔디 운동장에 대한 부정적인 인식을 줄일 수 있는 대안으로 판단된다. 경제적인 잔디 운동장 조성과 관리를 위해 잔디 종류, 토양의 형태, 토양 개량, 이용횟수, 잔디 식재 방법, 관배수 시설 등 다양한 변수들을 고려하여야 하며, 과학적이고 정확한 설계와 시방서에 맞게 시공되어야 한다(김 등, 2001c; 구 등, 2003; 부록 9.14, 9.15). 그러나 현재 우리나라 잔디 운동장은 흙 지반에 들잔디로 조성하고 관리를 소홀히 하여 이용기간과 이용횟수가 적고 휴면기 내마모성이 감소되어 맨땅화 되고 있는 실정이다(Christians, 1998; 김 등, 2002c; 정, 2000).

잔디 운동장의 자유로운 이용을 위해 미국골프협회(USGA)에서는 모래를 주로 사용하고 약간의 유기물을 혼합하여 조성하는 USGA 방식을 1993년 제안보급하였다(부록 9.7). Christians(1998)는 자유로운 사용으로 인한 지반의 경화를 막기 위해 토양 개량재, 플라스틱 보강재료 등을 사용한다고 보고하였고, 김 등(2002b)은 한국잔디에 폐타이어 칩(rubber chip)을 배토용 재료로 사용하였을 때 잔디의 회복력을 향상시킬 수 있지만, 한지형 잔디의 경우 복사열이 높은 여름에 폐타이어 칩에 의한 표면, 지중온도의 상승으로 하고현상 또는 병 발생 등의 피해가 우려된다고 보고하였다. 우리나라에서 잔디 운동장 조성에 관한 연구는 월드컵 대회를 계기로 증가하고 있으며 고품질 품종 개발, 잔디 생산, 토양 개량재, 관리 기술, 이용계획 등에 대한 연구가 진행되고 있다(월드컵축구대회조직위원회, 1998; 주 등, 2000; 부록 9.16, 9.17).

본 연구는 한국잔디를 이용한 잔디 운동장 조성 시 품질, 조성기간, 내마모성, 녹색기간 등의 향상을 위하여 한국잔디 신품종 '건희'의 개발과 혼식 기술을 개발을 하였다. 또한 자유로운 이용을 위하여 회복속도가 빠른 버뮤 다그래스 신품종 '건우'의 선발하였고 경제적 잔디 운동장의 조성과 관리를 위해 그의 시공기술을 개발하고자 하였다.

자유로운 이용과 겨울 내마모성 향상을 위해 기존 들잔디보다 고품질, 고밀도, 빠른 회복력 및 진 녹색의 세엽형 한국잔디류인 '건희(Konhee, 建喜)'를 개발하였다. '건희'는 1995년부터 한국, 미국, 일본, 대만, 호주, 중국 등 세계 여러 나라에서 수집한 200여 개의 한국잔디류 유전자원을 사용하여 1996년에 교배(중엽형인 ZKV 6×세엽형인 ZKV 10)하여 나온 F1 중 우리나라환경에 잘 적응하고 내한성이 강한 세엽(엽폭이 1.0~2.9mm)형 계통 중에서 선발하였다. '건희'는 빠른 생육으로 이용 후 회복력과 높은 신초 밀도로 휴면기 이용 시 내마모성이 우수할 것으로 판단된다. 또한 양(2000)이 세엽형 한국잔디류는 중부지방에서 내한성이 약하다는 보고와 달리 '건희'는 서울에서 월동력이 우수한 것으로 나타났다. 그러나 '건희'는 고밀도 잔디로 봄철에 낮게 깎거나 디탯칭 작업을 하지 않으면 그린업이 광엽형 한국잔디보다 2~4주 정도 늦어질 우려가 있으며 조성 2~3년부터 대취 제거 또는 에어레이션 등의 관리가 필요할 것으로 판단된다. 또한 본 연구에서는 토양, 기후, 식재 시기 등에 따른 '건희'의 형태적·생리적 특성 변화에 관한 연구가 부족하며, 우리나라 중부지역에 식재 시 동해와 건조의 피해가 있을 수 있으므로 이에 대한 연구가 지속되어야 할 것이다.

잔디 운동장의 이용횟수를 증가시키기 위해 광엽형 한국잔디인 들잔디보다 회복속도가 빠른 버뮤다그래스 '건우'를 선발하였다. '건우'는 1997년 한국, 미국, 일본, 대만, 호주, 중국 등 세계 여러 나라에서 수집한 20여 개의 종자 또는 영양번식 버뮤다그래스 유전자원 중 경남 의령에서 수집된 품질이 우수하고 내한성이 강한 변이 종으로부터 선발되었다. '건우'는 들잔디보다 생육 회복속도가 3배 이상 빠르고, 품질이 우수한 장점이 있었다. 그러나 Dipaola 등(1981)과 Krnas 등(1999)의 보고와 같이 우리나라와 같은 전이지대 환경하에서 버뮤다그래스는 녹색기간이 들잔디와 같이 짧고, 휴면기 흑갈색으로 지상부가 고사하여 지저분하며, 내마모성이 감소하고 내한성이 약한 단점이 있다. 따라서 우리나라에서 안정적으로 '건우'를 사용할 수 있는 지역은 국내 남부지역과 일부 중부지역으로 제한되어, 중부지역에 '건우'를 사용함에 있어 주기적으로 찾아오는 혹한기 피해를 줄이기 위한 연구가 지속되어야 할 것이다. 또한 본 연구에서는 토양, 기후, 식재 시기 등에 따른 버뮤다그래스 '건우'의 형태적·생리적 특성 변화에 관한 연구가 부족하며 이에 대한 연구가 지속되어야 할 것이다.

기존 한국잔디 운동장의 단점을 개선하는 기능성 잔디 운동장 조성을 위해 우수한 특성을 가진 다양한 한국잔디류 계통 또는 품종을 사용목적에 맞게 혼식하였다. 한지형 잔디의 경우 두 가지 이상의 잔디 종류와 품종들을 혼파하여 각각의 단점들을 극복하고 장점을 극대화하는 것이 보편화되어 있다(Beard, 1973; Emmons, 1995; 안 등, 1993). 혼식 처리구와 단식 처리구의 특성을 비교 분석한 결과 광엽과 세엽 또는 중엽과 세엽을 2:1로 혼식한 처리구가 단식 처리구에 비하여 조성속도, 피복률, 신초 밀도, 질감, 엽색, 휴면 및 휴면 후 색, 잔디품질 등이 향상되었다. 또한 녹색기간이 20~30일 정도 연장되었으며 환경적응력이 높게 나타나 한국잔디류의 혼식기술이 한국잔디류의 여러 가지 단점을 개선시킬 수 있는 다른 대안으로 판단되었다. 그러나 김(1991)과 이 등(1995)의 보고와 같이 혼식기술에 의한 잔디 조성은 시간이 지날수록 한 품종의 우점현상으로 인한 혼식효과의 감소, 계통별 적합 혼식 비율, 균일한 혼식 방법, 효과적인 혼식 시공기술 등에 대한 연구가 지속되어야 할 것이다.

경제적인 잔디 운동장 조성을 위해 '건우'의 잎줄기를 이용한 시공기술인 잎줄기 드레싱 기술을 개발하였다. 잎줄기 드레싱 기술은 종자번식보다는 영양번식 하는 난지형 잔디의 대량생산과 시공에 적합한 기술이며, 잎줄기를 로터리모어로 3~5cm 길이로 절단·수확하여 ㎡당 1l의 잎줄기를 드레싱 한 후 트랙터로 로터링하거나 2~3cm 기계 배 토하여 시공하므로 시공 비용절감 효과가 있으며 빠른 잔디 면 조성이 가능한 기술로 판단된다(부록 9.16). 그러나 잎줄기 드레싱 후 '건우'의 생육은 지상 포복경의 발생은 왕성하지만 지하 포복경의 발생이 늦어 평 때 식재보다 동해의 우려가 높은 것으로 나타났다. 따라서 잎줄기 드레싱의 시공시기는 4월부터 8월 이전까지, 식재 방법은 뗏장으로 시공하는 것이 동계 월동력을 향상시킬 수 있을 것으로 판단된다. 또한 퍼레니얼 라이그래스를 '건우'에 덧파종할 경우 '건우'의 지상, 지하 포복경의 생존율이 매우 높게 나타나 동계 월동력을 향상시킬 수 있을 것으로 판단되었다.

이상의 결과를 종합해 볼 때 고품질 세엽 한국잔디류 '건희', 속성잔디 버뮤다그래스 '건우', 난지형 잔디류의 혼식기술(MLD) 및 잎줄기 드레싱 기술(LSD)을 잔디 운동장 조성에 이용한다면 경제적 잔디 운동장의 조성과 관리 및 보다 자유로운 이용이 가능할 것으로 판단된다.

7.2. 종합 결론

주 5일 근무제의 시행으로 레크리에이션과 스포츠형 녹지 공간으로서 잔디 운동장의 수요가 증가하고 있다. 그러나 우리나라 잔디 운동장 수는 현재 매우 부족하며 기존 잔디 운동장도 대부분 흙지반에 들잔디로 조성되어 느린 회복력과 짧은 녹색기간, 휴면기 내마모성 감소 등의 이유로 자유로운 이용이 제한되는 실정이다. 또한 우리나라 학교와 지방자치단체의 잔디 운동장 조성과 관리를 위한 재정은 매우 부족한 실정으로 잔디 운동장의 보급 활성화를 위하여 경제적 잔디 운동장의 조성과 관리에 관한 연구가 절실히 필요하다.

본 연구는 레크리에이션 활동의 기본이 되는 국내 광엽형 한국잔디류인 들잔디 운동장의 단점을 개선하고 경제적인 잔디 운동장의 조성을 위하여 잔디 운동장 조성에 적합한 난지형 잔디 신품종의 개발과 경제적이고 기능적인 잔디 운동장 시공기술을 개발하고자 수행하였다. 그 결과를 요약하면 다음과 같다.

7.2.1. 운동장용 세엽 한국잔디류 신품종 '건희' 개발

한국잔디류 세엽 계통 중에서 내한성이 강하고 이용 후 회복속도가 빠르며, 고밀도로 휴면기 내마모성이 강한 운동장용 한국잔디류를 개발하고자 하였다. 1995년부터 한국, 미국, 일본, 대만, 호주, 중국 등 세계 여러 나라에서 수집한 200여 개의 한국잔디류 유전자원을 사용하여 1996년에 교배(중엽형인 'ZKV 6'×세엽형인 'ZKV 10')하여 나온 F_1 중 우리나라환경에 잘 적응하고 내한성이 강한 세엽(엽폭이 1.0~2.9mm)형 계통인 '건희(Konhee, 建喜)'를 선발하였다.

'건희'는 다른 계통들보다 1) 직립형 초형으로 볼 지지도가 우수하고, 2) 초장이 8.5±2.0cm로 낮아 잔디 깎기 회수가 적으며, 3) 포복경 셋째마디 길이가 3.4±0.5cm로 짧고, 4) 엽색은 진한 녹색이며, 5) 엽폭은 2.3±0.2mm의 세엽으로 품질이 우수하며, 6) 제1엽집의 높이가 0.9±0.2cm로 낮아 낮은 깎기(1cm)가 가능하고, 7) 신초 밀도가 높아 잡초의 침입과 발생이 적고 휴면기 내마모성이 강하며, 8) 조성과 회복속도가 기존 세엽형 한국잔디류보다 빨라 이용횟수를 늘릴 수 있는 등 운동장용 잔디로 적합하고 우수한 형태적 특성을 가지고 있는 것으로 조사되었다.

또한 분자 수준에서 '건희'의 차이점을 알아보고자 '건희'와 다른 한국잔디류 4계통을 RAPD한 결과 35개 primer 중 4개 primer(UBC No.740, 744, 765, 772)에서 '건희'에서만 나타나는 품종 특이적인 밴드가 각각 관찰되었다.

'건희'의 내한성을 조사한 결과 중세엽 한국잔디는 중부지역에서 월동력이 약하다고 보고 되어 있으나 서울에서 '건희'를 비롯한 일부 수집계통들의 월동 피해는 나타나지 않았다. 그러나 '건희'의 내한성 실험은 서울지역에서 수행되었으므로 강원도, 일부 경기 및 충청지역에서의 내한성에 관한 연구가 지속되어야 할 것이다.

7.2.2. 우리나라 환경에 적합한 운동장용 버뮤다그래스 신품종 '건우' 개발

광엽형 한국잔디인 들잔디의 느린 회복속도로 자유로운 이용이 제한되는 기존 들잔디 운동장의 단점을 개선하기 위해 우리나라 잔디 운동장용으로 사용 가능하며, 고품질이며, 내한성이 강하고, 회복속도가 빠른 버뮤다그래스를 개발하고자 하였다. 1997년 한국, 미국, 일본, 대만, 호주, 중국 등 세계 여러 나라에서 수집한 20여 개의 종자 또는 영양번식 버뮤다그래스 유전자원을 건국대학교(서울 캠퍼스) 육종포장에서 비교평가 하였다. 그중 경남 의령에서 수집된 품질이 우수하고 내한성이 강한 변이 종 '건우(Konwoo, 建牛)'를 선발하였다. '건우(BK 3)'의 형태적 특성을 분석하기 위해 광엽형 한국잔디인 들잔디와 버뮤다그래스 중 미국에서 많이 이용되는 'Tifway 419', 일본에서 선발된 것으로 세엽이면서 조성속도가 빠른 'Tour turf', 호주 시드니에서 수집된 세엽형 'BK 1', 중국 신장에서 수집된 광엽형이고 내한성이 강한 'BK 2', 전남 순천에서 수집된 중엽형 'BK 10'과 '건우'를 비교하였다.

버뮤다그래스 '건우'는 다른 계통들보다 1) 초형이 직립형이며, 2) 엽장은 1.3±0.3cm로 짧으며, 3) 엽폭은 2.0±0.5mm의 세엽으로 질감이 우수하며, 4) 포복경 셋째 마디 두께는 0.1±0.05mm로 얇으며, 5) 포복경 셋째 마디 길이는 2.2±0.5cm로 짧으며 6) 조성속도와 회복속도가 들잔디보다 3배 이상 빠르고, 7) 포복경수가 많고 신초 밀도가 높아 운동장용 잔디로써 우수한 형태적 특성을 가지고 있는 것으로 조사되었다. 그러나 우리나라 기후하에서 휴면기간이 길고 휴면색이 흙 갈색으로 지저분하며, 휴면기 내마모성이 급속히 감소하는 단점이 있는 것으로 나타났다.

　분자 수준에서 다른 버뮤다그래스와의 차이점을 알아보고자 '건우'를 포함하여 5가지 버뮤다그래스를 RAPD한 결과 54개 primer 중 4개 primer(UBC No.102, 275, 280, 295, 300, 739)에서 '건우'에서만 나타나는 품종 특이적인 밴드가 각각 관찰되었다.

　지역별 버뮤다그래스의 내한성을 분석한 결과 제주 > 부산＝경남(의령) > 서울 순으로 강하게 나타났으나 경기(화성, 안성)에서는 내한성이 매우 낮게 나타났다. 또한 중부지역에서 식재 시기 및 식재 방법에 따른 버뮤다그래스의 월동력은 식재 시기가 늦을수록, 식재 방법이 평 떼보다 잎줄기를 식재할수록 월동력이 급격히 감소하는 것으로 나타났다. 그러나 우리나라 잔디 운동장에 버뮤다그래스 '건우'를 사용하기 위해 지역별 사용 가능성과 배토 시기 및 량, 시기별 깎기 높이, 한지형 잔디 덧파종 등 월동력 향상을 위한 연구가 지속되어야 할 것이다.

7.2.3. 기능성 잔디 운동장 조성을 위한 한국잔디류의 혼식(MLD)기술

　기존 광엽형 한국잔디류인 들잔디의 느린 회복속도와 휴면기 내마모성이 약한 단점을 개선하고 장점을 극대화하기 위해 한국잔디류도 두 가지 이상의 품종 또는 계통들을 혼식하였다. 혼식방법은 서로 특성이 다른 두 가지이상의 광엽 또는 중엽과 세엽형 한국잔디류를 각각 1:2의 부피비로 혼식하였다.

　혼식 처리구와 단식 처리구의 특성을 비교 분석한 결과 혼식 처리구가 단식 처리구에 비하여 조성속도, 피복률, 신초 밀도, 질감, 엽색, 휴면시기, 휴면 후 색, 잔디품질 등이 향상되었고, 녹색기간이 20～30일 정도 연장되었으며, 환경적응력이 높게 나타났다. 특히 중엽과 세엽 계통을 혼식한 조합의 조성속도와 잔디 면 품질이 매우 우수하게 나타났다.

따라서 한국잔디류의 혼식기술을 이용한 잔디 운동장을 조성한다면 한국잔디의 느린 회복속도, 휴면기 내마모성 감소, 짧은 이용기간, 거친 잔디품질 등 여러 가지 단점을 개선시킬 수 있을 것으로 판단되었다. 또한 우수한 특성을 가진 한국잔디류의 다양한 품종을 개발하여 사용목적에 맞게 혼식하면 기능성 잔디 운동장의 조성이 가능할 것으로 판단된다.

7.2.4. 경제적 잔디 운동장 조성을 위한 '건우'의 잎줄기 드레싱(LSD) 기술

잔디 운동장용으로 개발된 버뮤다그래스 신품종 '건우'를 이용하여 경제적인 잔디 운동장 조성 기술을 개발하고자 하였다. 이를 위해 '건우' 잎줄기의 재활용 가능성, 적합한 잎줄기 수확 방법, 식재량, 식재 깊이 및 절단 길이 등을 구명하였다. 또한 잎줄기 드레싱 기술의 단점인 내한성이 약해지는 문제를 극복하기 위해 퍼레니얼 라이그래스 덧파종이 버뮤다그래스의 내한성 향상에 미치는 영향을 분석하였다.

잎줄기 재활용 가능성 실험결과 잎줄기와 포복경 처리구 모두 식재 3일부터 새 뿌리 생육이 시작되었으며, 7일부터는 지상부의 2차 생육으로 높은 활착률과 피복률을 나타내었으며 처리구 간의 차이가 적어 잎줄기도 시공의 재료로 사용이 가능하였다.

잎줄기 수확을 위한 기계는 자동식 로터리 모어가 수동식 로터리 모어보다 편리하였고, 깎은 후 나온 잎줄기의 길이는 자동식이 3~5cm, 수동식이 3~7cm로 절단되었다. 수확 중 스트레스 정도는 자동식이 수동식보다 잎줄기의 스트레스(찢김, 상함)가 더 심하게 나타났다.

잎줄기의 절단 길이(3, 5cm)에 따른 피복률 차이가 없었으며, m^2당 식재량은 재료 원가를 고려할 때 1~2l이 적합한 것으로 나타났다. 또한 식재 깊이는 2~3cm 처리구가 빠른 피복속도를 나타내었으며 식재 70일 만에 100% 피복 하였다.

잎줄기 드레싱 기술은 '건우'의 잎줄기를 로터리모어로 길이 3~5cm 길이로 절단수확하여 m^2당 1l의 잎줄기를 드레싱 후 트렉터로 로터링하거나 2~3cm 두께로 기계 배토 하여 시공하는 경제적인 기술로 판단되었다. 잎줄기 드레싱의 m^2당 시공비는 2,780원 내외로 ZN공법 4,000원보다 1,200원 저렴한 것으로 조사되었다.

가을 퍼레니얼 라이그래스를 덧파종 한 경우 '건우'의 지상, 지하 포복경의 생존율은 매우 높게 나타났다.

Key words: *잔디 운동장, 한국잔디류, 건희, 버뮤다그래스, 건우, 신품종, 혼식기술(MLD), 잎줄기 드레싱 기술(LSD)*

제8장 인용문헌

2002년 월드컵축구대회조직위원회. 1998. 2002년 월드컵축구대회 성공적 개
최를 위한 세미나. p.38.

건설공제조합, 2001, http://www.kcfc.co.kr/ddata/ddata_index.html

고석구. 1997. Putting Green 구조 및 USGA 공법 이해. '97 골프장 기자재 종
합 전시회 및 학술 세미나 강의자료. 한국잔디연구소·대한그린키퍼
협회 pp.23~30.

골프 경영과 정보 통권 9호. 2001. pp.22~33.

구자형 외. 2003. 녹색 천연잔디 운동장의 조성과 관리. 국민체육진흥공단.
165 p.

국민체육진흥공단. 1999. 공설운동장 현황조사자료.

권찬호. 김석정. 1998. 한지형 잔디 품종비교. 한국잔디학회지 12(3): 215~
224.

김귀곤 외 16인. 1993. 조경식재설계론. 문운당. pp.249~273.

김경남, 권오달, 남상용. 1998a. 한지형 스포츠잔디의 국내적응성 고찰에 관
한 연구. 삼육대학교 자연과학논문집 3(3): 61~76.

김광래, 이기의, 윤평섭 공저. 1993. 조경학. 문운당. p.201.

김남춘. 1991. 녹화 식생의 생육이 사면녹화 및 경관조성에 미치는 효과에
관한 연구. 서울대학교 대학원 박사학위논문.

김두환, 藤崎健一郎, 이재필, 김종빈, 김석정, 1999a, 한국과 일본의 학
교 잔디 운동장 현황, 한국잔디학회 13(2): 91~100.

김두환, 이재필, 김종빈. 1999b. 천연잔디구장 조성 시 한지형 잔디의

혼파에 관한 연구. 건국대학교 부설 농업자원연구소 21: 33~
38.

김석정, 김두환, 한인송, 이재필, 박진희. 2002a. 포복경 고압분사기술 및
피복에 의한 잔디 관리기술 개발과 적합 초종 선발 및 활용. 농
림부. 2000년 농림기술개발사업 최종보고서. 81 p.

김석준, 손기철, 김두환, 이재필. 1998b. 식물생장억제제가 Creeping Bentgrass
의 생육에 미치는 영향. 한국잔디학회지 12(3): 173~182.

김익태. 2002. 성인 여가비 연 평균 137만 원. http://www.moneytoday.co.kr/
news /news.html.

김인철, 이정호, 주영규. 2002b. Rubber chip의 경기장 지반 물리성 개선과 잔
디 생육에 미치는 효과. 한국잔디학회지 16(1): 19~30.

김인철, 주영규, 이정호. 2002c. 올림픽 주 경기장 지반 상토층의 토양물리성
과 잔디 생육의 관계. 한국잔디학회지 16(1): 31~40.

김형기, 김기선, 주영규, 홍규현, 김경남, 이재필, 모숙연, 김두환. 1996.
Zoysiagrass 수집 계통들과 종간 교배 계통들의 형태적 특성들의 변
이. 한국잔디학회지 10(1): 1~11.

김형기. 1987. 한국잔디의 생리·생태학적 연구. 건국대학교 박사학위논문.

김형기. 1991. 잔디학. 선진문화사. pp.35~70.

미성잔디영농조합법인. 1999. 잔디 재배지 현황.

신중경. 1999. 420가지 축구이야기. 강원도민일보. 284 p.

심규열 외 5인. 1998. 잔디구장의 조성과 관리. 한국체육과학연구원.
308p.

안용태 외 11인. 1993. 골프장 관리의 기본과 실제. 한국잔디연구소. 772p.

안용태. 1997. 한국기후에 적합한 잔디 초종 선택에 관한 고찰. GMI.

양근모. 2000. *Zoysia* 속내 잔디의 수집과 종 분류 체계 및 유용 유전자원 선발. 단국대학교 대학원 박사학위논문.

염도의, 허건양. 1985. 사철 푸른 잔디의 개발에 관한 연구. 한국원예학회 논문발표요지 3(1): 74~75.

오휘영, 최병권. 2001. 해안간척지 친 환경적 복원·시공. 도서출판 조경. 295p.

유달영, 염도의, 김일중, 김승진. 1974. 한국잔디의 형태학적 연구, 한국원예학회지. 15(11): 79~91.

유달영, 염도의. 1968. 포복경의 차이 및 IAA처리가 *Zoysia japonica* Steud.의 영양번식에 미치는 영향. 한국원예학회지 No.4.

이기철, 김동필 공역. 1992. 최첨단의 녹화기술. 명보문화사. pp.143~270.

이병현 역. 1991. 잔디 및 잔디밭의 조성과 관리. 대한 Green Keeper 협회.

이재필, 김남춘, 홍성권. 1995. 도로사면 녹화를 위한 식생 배합에 관한 연구. 한국조경학 회지 23(2): 113~123.

이재필, 김석정, 서한용, 이상재, 정종일, 한인송, 김두환. 2001a. 미국 플로리다주의 잔디산업 기여도와 한국잔디 산업의 현황 및 전망. 한국잔디학회지 15(4): 187~198.

이재필, 김석정, 서한용, 한인용, 이상재, 김태준, 김두환. 2001b. 차광이 한지형 잔디의 여름철 하고현상 감소에 미치는 영향. 한국잔디학회지 15(2): 51~64.

이재필, 김종보, 김두환. 1997. 종자 다수확 계통 '232'의 조직배양 및 포장에서의 특성 평가. 한국잔디학회지 11(4): 321~326.

이재필, 조용인, 서한용, 이상재, 김태준, 한인송, 김두환. 2001c. 켄터키 블루그래스에 의한 잔디 조성 기술개발, 농자원개발 논집 제23권 pp.1~8.

잔디재배농가조사보고서, 1996, 전남 삼서면.

장세창 외. 1999. 삶의 질 향상을 위한 스포츠시설 정책의 문제점에 관한 연구. 사)한국체육학회 p.199.

전남 고흥군 농촌기술센터 http://goheung.jares.go.kr/nongjin/A020312.html.

정동환. 2000. 학교 운동장의 잔디 조성에 관한 연구. 한양대학교 환경대학원. 조경학 석사학위 청구논문.

주영규, 김경남, 김두환, 심규열, 심상열, 최준수. 2000. 2002년 월드컵축구경기장 잔디그라운드 조성과 관리 지침. 2002년 월드컵축구대회조직위원회. 133 p.

주영규, 김두환, 이재필, 모숙연. 1997a. 한국잔디류(Zoysiagrass)의 육종현황. 한국잔디학회지 11(1): 73~85.

주영규. 1991. 고속도로 절·성토 비탈면 녹화 잔디품종 선정 연구. 한국도로공사. pp.38~91.

최준수, 양근모, 김동섭. 2001. 한국잔디의 종자 및 영양체를 이용한 carpet 잔디 생산. 한국잔디학회지 15(2): 39~50.

파주시. 1996. 사유시설재해조서.

한국물가정보. 2001. 물가정보 통권 372.

한국잔디연구소·한국그린키퍼협회. 2001. 골프코스 관리정보 세미나 교재-골프장의 폐기물 관리-. p.53.

한 달삼. 2001. 골프장 신문-한국골프장사업협회-. 통권 35호.

허건양, 염도의. 1985. 한지형 잔디의 연중 생육과 광합성 능력의 차이에 관한 연구. 한국 원예학회 논문발표요지 3(2): 110~111.

藤崎健一郎, 百友紀子, 勝野武彦. 1998. 高等學校の校庭おける芝生利用の現況と教員ならびに生徒の意識. 芝草研究 大會誌 27号. pp.70~71.

Adams, W. A. and R. J. Gibbs. 1989. Natural turf for sports and amenity: Science and Practice. CAB International. Cambridge. UK.

Anonymous. 1976. Florida turfgrass survey 1974. Florida Department of Agriculture and Consumer Services, Tallahassee, FL.

Baker, S. W. and P. M. Canaway. 1993. Concept of playing quality: Criteria and measurement. International Turfgrass Society Research Journal, V. 7. pp.172~181.

Baltensperger, A. A. and J. P. Klingenberg. 1994. Introducing new seed propagated F_1 hybrids(2-clone synthetic) bermudagrass. USGA Green Section Record. Nov-Dec. pp.14~19.

Beard, J. B. 1973. Turfgrass: science and culture. 658 p.

Beard, J. B., S. M. Batten, D. Johns, and G. M. Pittman. 1981. Bermudagrass cultivar characterization. Texas Turfgrass Res. 1979~80. Texas Agricultural Experiment Station PR-3837. pp.27~31.

Burton, G. W. 1951. The adaptability and breeding of suitable grass for the South-eastern. Advances in Agronomy 3: 239.

Burton, G. W. 1974. Breeding bermudagrass for turf. p.18~22. In E. C. Roberts (ed.) Proc. Second Int. Turfgrass Res Conf., Blacksburg, VA. 19~21 June 1973. ASA and CSSA, Madison, WI.

Christian. N. E. 1998. Fundamentals of turfgrass management. Ann Arbor Press. 301 p.

Cooper, R. J. and C. R. Skogley. 1981. An evaluation of several topdressing programs for *Agrostis palustris* Huds. and *Agrostis canina* L. putting green turf. Proceedings of the forth international turfgrass research conference. pp.129~136.

Dipaola, J. M., K. J. Karnok, and J. B. Beard. 1981. Growth, color, and chloroplast pigment content of bermudagrass turfs under chilling conditions as influenced by gibberellic acid. Proceedings of the forth international turfgrass research conference. pp.527~534.

Duble, R. L. 1989. Southern Turfgrass: Their management and use. TexScape, Inc. pp.64~70.

Emmons, Robert D. 1995. Turfgrass science and management. Delmar Publishers. 512 p.

Engelke M. C. and J. J. Murray. 1989. Zoysiagrass breeding and planting development. The 6th International Turfgrass Research Conference, Tokyo. July 31~August. pp.423~425.

Football League. 1989. Commission of inquiry into playing surface. Final Report. Football League, Lytham St. Annes, p.220.

Forbes, I., JR. B. P. Robison and J. M. Latham. 1955. 'Emerald' zoysia an improved hybrid lawngrass for the south. U. S. G. A. J. and Turf Management. 7: 23~25.

Fukuoka, H. 1990. Breeding Zoysia spp. J. Japanese Soc. Turfgrass Sci. 17: 18 5~190.

Funk, C. R. 1981. Perspectives in turfgrass breeding and evaluation. Proc. 4th ITRC, 3~10.

Funk, C. R. 1989. Many years of progress in turfgrass breeding. Proceeding Virginia Turfgrass Landscape Conference. pp.5~8.

Halsey, H. R. 1956. The Zoysia lawngrasses. Nat. Hor. Mag. (July) 152~161.

Hanson, A. A. 1972a. Breeding of grasses. Academic Press, New York. pp.36~ 52.

Hanson. A. A. 1972b. Grass varieties in the United States. USDA Agr. Hdbk.

Hawes, D. T. 1965. Studies of the growth of *Poa annua* as affected by soil temperature, and observations of soil temperature under putting green turf. M. S. thesis. Cornell Univ., Ithaca, NY.

Hodges, A. W., J. J Haydu, P. J. van Blokland, and A. P. Bell. 1994, Contribution of the turfgrass industry to florida's economy, 1991～1992. University of Florida.

Hong, K. H. and D. Y. Yeam. 1985. Studies on interspecific hybridization in Korean lawngrass(*Zoysia* spp.). J. Korean Soc. Hort. sci. 26(2): 169～178.

Ibitayo, O. O., J. D. Butler, and M. J. Burke. 1981. Cold hardiness of bermudagrass and *Paspalum vaginatum* SW. HortScience 16: 683～684.

Joo, Y. K., J. P. Lee, N. E. Christians, and D. D. Minner, 2001. Modification of sand-based soil media with organic and inorganic soil amendments. International Turfgrass Society Research Journal Vol. 9: 525～531.

Krnas, J. P., J., and Goatley, M. 1999. Sports Fields: A manual for Design, Construction and Maintenance.

Murray, J. J., M. C. Engelke. 1983. Exploration for zoysiagrass in eastern Asia. USGA Green Section Record 21(3): 8～12.

National Turfgrass Evaluation Program. 1994. National Zoysiagrass Test-1991. 1994 Progress Report NTEP No.95～8.

Rechard, W. S., H. D. Peter, B. C., and Bruce. 1992. Compendium of turfgrass diseases-second edition. APS Press. p.1.

Richardson, W. L., C. M. Taliaferro, and R. M. Ahring. 1978. Fertility of eight bermudagrass clones and open-pollinated progeny from them. Crop Science (16): 247～250.

Ruemmele, B. A., M. C. Engelke, S. J. Morton and R. H. White. 1993. Evaluation methods of establishment for Warm-season Turfgrasses. International Turfgrass Society Research Journal, Volume 7. pp.910~913.

Samudio, S. H. 1996. Whatever became of the improved seeded zoysia varieties?. Golf Course Management. pp.57~60.

Taliaferro, C. M. and Peter Mcmaugh. 1993. Developments in Warm-Season turfgrass breeding/genetics. International Turfgrass Society Research Journal, Volume 7. pp.14~21.

Thorogood, D., P. J. Bowing and R. M. Jones. 1993. Assessment of turf colour change in *Lolium perenne* L. cultivars and lines. International Turfgrass Society Research Journal, Volume 7. pp.729~735.

Turgeon A. J. 1991. Turfgrass Management. PRENTICE HALL. pp.17~21, 30, 36, 322~3.

Wallner, S. J., M. R. Becwar, and J. D. Butler. 1982. Measurement of turfgrass heat tolerance in vitro. J. Am. Soc. Hortic. Sci. 107: 608~613.

Watschke, T. L., R. E. Schmidt, and E. W. Carson, and R. E. Blaser. 1972. some metabolic phenomena of Kentucky bluegrass under high temperature. Crop Sci 12: 87~90.

Wehner, D. J, D. D. Minner, P. H. Dernoeden, and M. S. Mcintosh. 1985. Heat tolerance of kentucky bluegrass as influenced by pre-and post-stress environment. Agron. J. 75: 772~775.

Yeam, D. Y., H. L. Portz and J. J. Murray. 1980. Establishing zoysiagrass from seed. 21st illinois turfgrass conference. pp.45~49.

Zontek, S. J. 1983. The St. Louis solution-zoysiagrass for fairways!. USGA Green Section Record 21(4): 1~5.

제9장 부 록

9.1. 우리나라의 한국잔디류 생산 현황

(1,000m²)

품 종	권 역	주요 생산지	면적	소계 (비율, %)
중엽형 또는 광엽형	장성 삼서권	장성군 삼서면	8,415	13,612(52.6)
		장성군 삼계면	1,188	
		장성군 동화면	643	
		광주시 광산구	841	
		함평군 원야면	742	
		함평군 이문면	396	
		영광군	792	
		고창군	594	
	경남 진주권		7,920	7,920(30.0)
	경기 적성권	파주시 적성면	1,980	1,980(7.7)
중엽형	경북 고령권	고령군 덕곡면	108	475(1.9)
		고령군 개진면	128	
		고령군 쌍림면	118	
		고령군 운수면	118	
중엽형	강원 춘천권	춘천시	663	663(2.8)
중엽형 또는 광엽형	기타	경기 화성시 정남면	99	1,318(5.0)
		경기 안성시	198	
		충북 청원군	79	
		전북 정읍시	99	
		전북 김제시	79	
		전북 전주시	99	
		전남 해남 황산면	79	
		나주시 남외면	79	
		나주시 봉황면	49	
		기타	445	
	총계		25,951	100

주) 잔디재배농가조사보고서. 1996. 전남 삼서면.
　　사유시설재해조서. 1996. 파주시.
　　잔디 재배지 현황. 1999. 미성잔디영농조합법인.

9.2. 잔디 시공기술

9.2.1. 종자 파종

파종

씨드 스프레이

씨드 벨트

유공 씨드 벨트

9.2.2. 포복경 식재

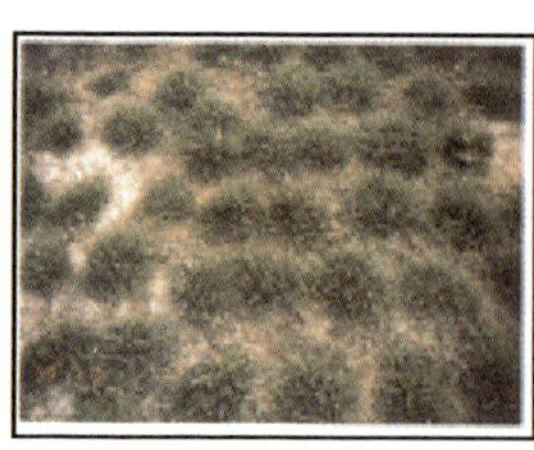

점 떼

즐 떼

섬유 네트

9.2.3. 떼장 식재

평떼

돌 식재

9.3. 우리나라 잔디 관련산업의 시장규모(2001)

(억 원)

구 분	세부항목	소계	
생산	도로사면[1]	1,000	**2,085**
	묘지[2]	510	
	골프장[3]	205	
	공원[4]	220	
	기타[5]	150	
자재	비료, 농약, 장비[6]	1,820	**1,820**
시공	축구장[7]	150	**542**
	학교운동장[8]	100	
	옥상정원[9]	70	
	정원[10]	120	
	묘지[11]	102	
관리 및 컨설팅	골프장[12]	1,500	**1,600**
	축구장[13]	100	
서비스	골프장 및 골프연습장[14]	400	**530**
	스포츠 빌리지[15]	130	
한국의 시장규모			**6,577**
미국의 시장규모[16]			**300,000**
총계			**2,362**

1) 도로사면: 1,000억 원/년[2001년 한국도로공사 도로건설 추진현황 264,407억 (http://www.freeway. co.kr/)]
2) 묘지: 연간 묘지증가율(면적 $8,500,000m^2$)×6,000원/m^2=510억[통계청, 2000]
3) 골프장: 골프장 증가율(매년 5개×1,320,000m^2/골프장1개×3,000원/m^2)=198억[한국골프장사업협회, 2000]년간 보식 면적(1개 골프장 당 1,650m^2 보식×현재 150개 골프장×3,000원/m^2=7억)
4) 도시공원: 1994년 6,702개, 1인당 공원면적 19m^2(19m^2×4천만=7,600,000,000,000m^2)
   잔디 식재 면적-7,600,000,000,000m^2×1/10,000(공원 1개당 잔디면적은 전체면적의 1/100,000)=76,000,000m^2
   년간 보식 면적-7,600,000m^2×3,000원/m^2=220억 [http://pcrc.hongik.ac.kr/~gyn/play learn/kidstat/ cul_prk.html]
5) 기타(정원, 임해 매립지, 활주로, 화천변 등): 5,000,000m^2×3,000원/m^2)=150억
6) 그린 바이오텍(주) 1999년도 사업계획서
7) USGA 지반 사용(5억/1면×30면=150억)
8) 캘리포니아 지반 사용(2억/1면×50면=100억)
9) 축구장 13개 정도의 면적이 옥상조경으로 조성 시 100,000m^2×70,000원/m^2=70억
10) m^2당 시공비용 24,000원/m^2(500,000m^2×24,000원/m^2=120억)
11) m^2당 시공비용 12만 원/m^2(8,500,000m^2의 1/100×12만 원/m^2=102억)
12) 골프장(40만평) 1년 관리비 10억(인건비포함)×150개=1,500억
13) 축구장 1면(3,000평) 관리비 1억×100개=100억
14) 대중 골프장 1년 이용객 1,000,000명×40,000원/1인=40,000,000,000원(한국골프장사업협회)
15) 일본 내 축구팀은 2,800여 개이며 83만 명의 선수가 등록되어 있음(일본축구협회, 1999). 국내 축구팀은 600여 개, 축구선수는 일본의 1/10수준(훈련비 비용: 최소 20,000원/1인×20명/팀×10일=4,000,000원×3400팀=13,600,000,000원
16) 국외(미국)시장: 1989년 미국 잔디 재배면적 36,726,000,000m^2(미국식물병리학회, 1992)
   : 3,672,600,000m^2×8,000원/m^2=29,380,800,000,000원[미국농업 생산규모(옥수수>잔디 순)] 외 관련시장 포함

9.4. 국내 공설운동장 현황

시·도	운동장 수 (개소,%)	구 분				면 적(㎡)			
		천연 잔디	천연 잔디 조성 중	인조 잔디	맨 땅	10,000 이하	15,000 미만	20,000 미만	20,000 이상
서울시	21 (11.2)	7 (33.3)	1 (4.8)	1 (4.8)	12 (57.1)	16 (76.2)	1 (4.8)	3 (14.3)	1 (4.8)
부산시	2 (1.1)	2 (100)				2 (100)			
대구시	5 (2.7)				5 (100)	3 (60.0)		1 (20.0)	1 (20.0)
인천시	1 (0.5)	1 (100)				1 (100)			
광주시	7 (3.7)	2 (28.6)	1 (14.3)		4 (57.1)	7 (100)			
대전시	5 (2.7)	3 (60.0)		1 (20.0)	1 (20.0)	4 (80.0)		1 (20.0)	
울산시	2 (1.1)	1 (50.0)			1 (50.0)			1 (50.0)	1 (50.0)
경기도	19 (10.2)	4 (21.1)			15 (78.9)	3 (15.8)	5 (26.3)	6 (31.6)	5 (26.3)
강원도	22 (11.8)	10 (45.5)			12 (54.5)	19 (86.4)	1 (4.5)	1 (4.5)	1 (4.5)
충청북도	13 (7.0)	11 (84.6)			2 (15.4)		2 (15.4)	6 (46.2)	5 (38.5)
충청남도	13 (7.0)	7 (53.8)	4 (30.8)		2 (15.4)			2 (15.4)	11 (84.6)
전라북도	12 (6.4)	6 (50.0)	4 (33.3)	1 (8.3)	1 (8.3)	12 (100)			
전라남도	19 (10.2)	9 (47.4)			10 (52.6)		1 (5.3)	4 (21.1)	14 (73.7)
경상북도	15 (8.0)	15 (100)					1 (6.7)	7 (46.7)	7 (46.7)
경상남도	25 (13.4)	14 (56.0)			11 (44.0)		1 (4.0)	14 (56.0)	10 (40.0)
제주도	6 (3.2)	4 (66.7)			2 (33.3)	1 (16.7)	2 (33.3)	3 (50.0)	
계	187 (100)	96 (51.3)	10 (5.3)	3 (1.6)	78 (41.7)	68 (36.4)	14 (7.5)	49 (26.2)	56 (29.9)

* 국민체육진흥공단(1999); 정(2000)

9.5. 2002년 월드컵 경기장에 사용된 잔디종류

경기장 명	잔디 종류	잔디 품종	혼파 비율 g/m^2(%, w/w)	
수 원	Kentucky bluegrass	• Midnight	4.8 (30.0%)	16.0 (80.0%)
		• Blacksburg	6.4 (40.0%)	
		• Award	4.8 (30.0%)	
	Perennial ryegrass	• Accent	2.0 (50.0%)	4.0 (20.0%)
		• Brightstar II	2.0 (50.0%)	
인 천	Kentucky bluegrass	• Award	3.6 (28.0%)	12.9 (61.0%)
		• Blacksburg	5.9 (42.0%)	
		• Unique	3.6 (28.0%)	
	Perennial ryegrass	• Brightstar II	4.05 (50.0%)	8.4 (39.0%)
		• Palmer III	4.05 (50.0%)	
서 울	Kentucky bluegrass	• Midnight	2.4 (20.0%)	12.0 (100%)
		• Award	3.6 (30.0%)	
		• Challenger	2.4 (20.0%)	
		• Blacksburg	3.6 (30.0%)	
대 구	Kentucky bluegrass	• Midnight	5.0 (33.3%)	15.0 (79.0%)
		• Unique	5.0 (33.3%)	
		• Blacksburg	5.0 (33.3%)	
	Perennial ryegrass	• Brightstar II	2.0 (50.0%)	4.0 (21.0%)
		• Catalina	2.0 (50.0%)	
부 산	Kentucky bluegrass	• Midnight	5.0 (33.3%)	15.0 (79.0%)
		• Blacksburg	5.0 (33.3%)	
		• Unique	5.0 (33.3%)	
	Perennial ryegrass	• Brightstar II	2.0 (50.0%)	4.0 (21.0%)
		• Catalina	2.0 (50.0%)	
대 전	Zoysiagrass	월드컵 시 퍼레니얼 라이그래스 덧파종	월드컵 후 켄터키 블루그래스 덧파종	10.0 (100.0%)
울 산	Kentucky bluegrass	• Award	3.7(30.0%)	12.3 (58.0%)
		• Midnight	3.5(28.0%)	
		• Blacksburg	4.7(38.0%)	
	Perennial ryegrass	• Palmer III	4.4(49.0%)	9.0 (42.0%)
		• Brightstar II	4.6(51.0%)	

계속

경기장 명	잔디 종류	잔디 품종	혼파 비율 g/㎡(%, w/w)	
광　주	Kentucky bluegrass	● Award	8.4(60.0%)	14.0 (70.0%)
		● Blacksburg	2.8(20.0%)	
		● Unique	2.8(20.0%)	
	Perennial ryegrass	● Brightstar II	3.6(60.0%)	6.0 (30.0%)
		● Catalina	2.4(40.0%)	
전　주	Kentucky bluegrass	● Blackstone	3.5(30.0%)	11.7 (72.0%)
		● Midnight	3.5(30.0%)	
		● Blacksburg	4.7(40.0%)	
	Perennial ryegrass	● Brightstar II	1.8(40.0%)	4.5 (28.0%)
		● Catalina	2.7(60.0%)	
제　주	Kentucky bluegrass	● Boutique	5.0(33.3%)	15.0 (79.0%)
		● Nassau	5.0(33.3%)	
		● Award	5.0(33.3%)	
	Perennial ryegrass	● Paragon	2.0(50.0%)	4.0 (21.0%)
		● Palmer III	2.0(50.0%)	

9.6. 미국 잔디평가기관(NTEP)의 한국잔디류 평가 품종(1996~2000)

등록 번호	품종 명	번식형태	평가 의뢰 회사
1	ZEN-500	종자	Finelawn Research, Inc.
2	ZEN-400	종자	Turf Merchants, Inc.
3	Zenith	종자	Finelawn Research, Inc.
4	J-36	종자	Turf Merchants. Inc.
5	J-37	종자	Patten Seed Company
6	Chinese Common	종자	Jacklin Seed Company
7	Z-18	종자	Jacklin Seed Company
8	Korean common	종자	대조구
9	DALZ 9601	영양번식	Texas A&M University
10	J-14	영양번식	Jacklin Seed Company
11	Miyako	영양번식	Japan Turfgrass, Inc.
12	HT-210	영양번식	Horison Turfgrass
13	DeAnza	영양번식	Thomas Bros. Grass Co.
14	Victoria	영양번식	Thomas Bros. Grass Co.
15	El Toro	영양번식	대조구
16	JaMur	영양번식	Blanderunner Farms
17	Zeon	영양번식	Blanderunner Farms
18	Meyer	영양번식	대조구
19	Emerald	영양번식	대조구

* NTEP: National Turf Evaluation Program

9.7. 잔디 운동장의 지반조성 방식 및 단면도

9.7.1. 흙 지반(Soil-based rootzone)

전통적으로 우리나라 잔디 운동장에 많이 이용되고 있는 방법으로 토양을 갈아 업은 후 완숙된 유기질 퇴비를 m²당 500~1,000g 혼합하여 조성한다. 흙 지반은 시공비용이 가장 저렴하나 비온 후 배수가 불량하고, 사용하면 사용할수록 토양이 딱딱해져 잔디의 생육에 불리한 환경을 조성한다. 흙 지반은 고궁, 묘지, 공원, 비행기 활주로 등의 이용보다는 관상용 잔디 면을 조성하는 데 적합하다.

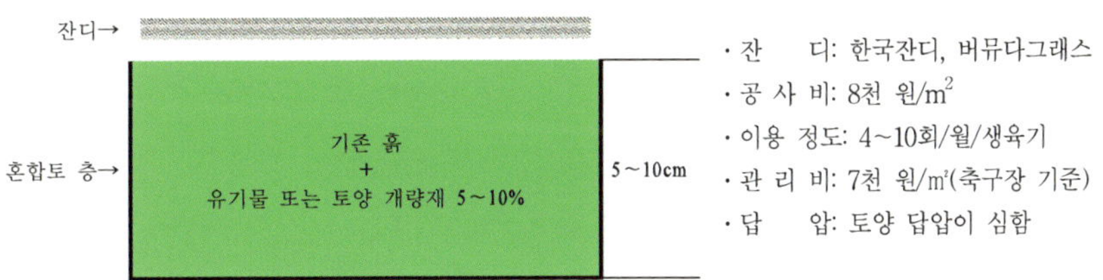

9.7.2. 모래지반(Sand-based rootzone)

기존 흙을 다진 후 왕사층을 5cm 포설하고 나서 모래와 토양 개량재 또는 완숙된 유기질 퇴비를 m²당 500~1,000g 혼합한 상토층을 10~15cm 조성한다. 본 지반은 흙 지반보다 내답압성은 개선되지만 배수문제는 완전히 해결하지 못하는 지반이다. 또한 모래와 흙의 이질층으로 인해 뿌리가 깊게 분포하지 못하고 모래층에만 분포하여 내건성이 감소하는 단점이 있다. 여름철 장마기 배수 불량의 우려가 있으며 한지형 잔디보다 난지형 잔디의 조성에 적합한 지반이다.

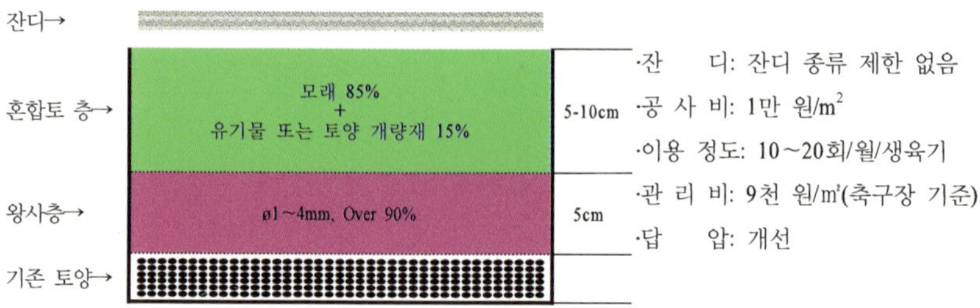

9.7.3. 캘리포니아 지반 (California system)

미국 캘리포니아 대학에서 개발한 잔디지반 조성법으로서 내답압성과 배수성을 고려한 USGA 지반의 중간층(콩자갈)을 없애고 배수구 내에 콩자갈(øl~4mm)을 깔고 모래층을 30cm 정도 포설하는 형태로 USGA 지반 공사비보다 40~50% 저렴하다. 이 지반은 우리나라 여름철 폭우하에서도 배수력이 우수하여 학교와 공설운동장 잔디 조성 시 적합한 지반이다. 혼합 상토층은 직경이 0.25~1mm의 모래 입자가 60% 이상인 모래에 피트모스를 혼합하여 만든다. 혼합비율은 부피비로 모래 80~90%에, 피트모스 10~20%를 혼합하여 조성한다. 혼합층 혼합 시 상부 20cm 깊이까지 유기질 비료 또는 토양 개량재, 화학비료 등이 골고루 혼합되게 해야 한다(주 등, 2000).

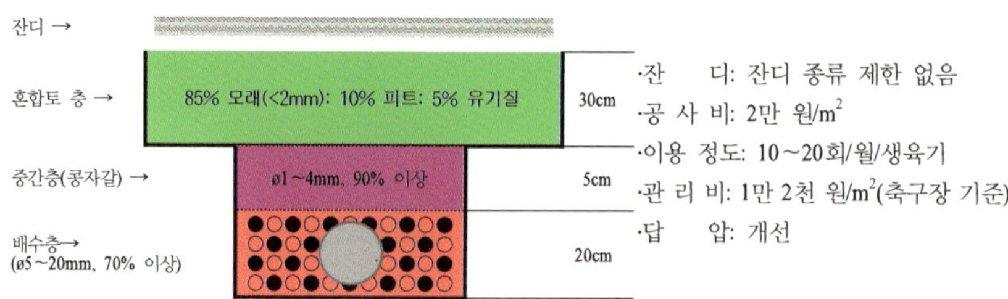

9.7.4. USGA 지반

미국골프협회(United State Golf Association)의 지원 아래 1960년대부터 연구되어 널리 보급된 골프장 그린용 지반이다. 모래를 주재료로 사용하여 내답압성과 배수성을 향상시켰다. 또한 토양 수분의 보수성과 배수성을 동시에 고려하고 혼합토층의 물리적 안정을 고려한 지반구조이다. 특히 중간층(chock layer)에 water table 형성으로 건조 시 잔디의 물 이용효율이 높다. 그러나 시공비가 비싼 것이 단점이다. 혼합토 조성은 캘리포니아 지반 구조와 동일하다(고, 1997; 주 등, 2000).

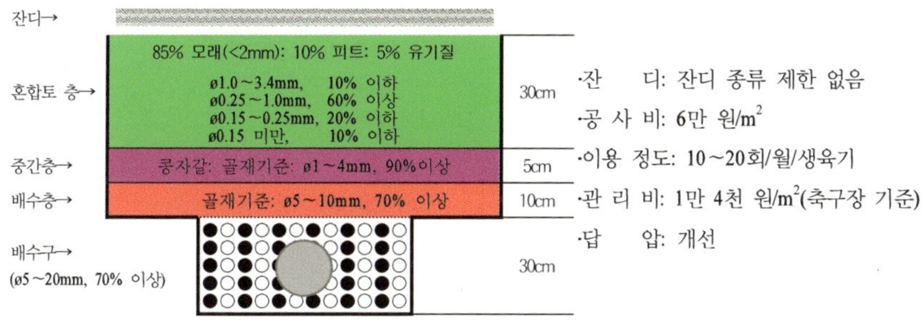

9.7.5. 중간층을 생략한 USGA 지반

중간층을 생략한 USGA 지반은 국내에서 구입하기 힘든 굵은 모래층인 중간층을 제거한 지반으로 USGA 지반에 비하여 직접공사비가 60~70% 이다. 본 지반은 건조 시 토양수분이 불균일하며 세사가 배수 층으로 내려가 잔디면의 평탄성과 배수력이 나빠질 수 있다.

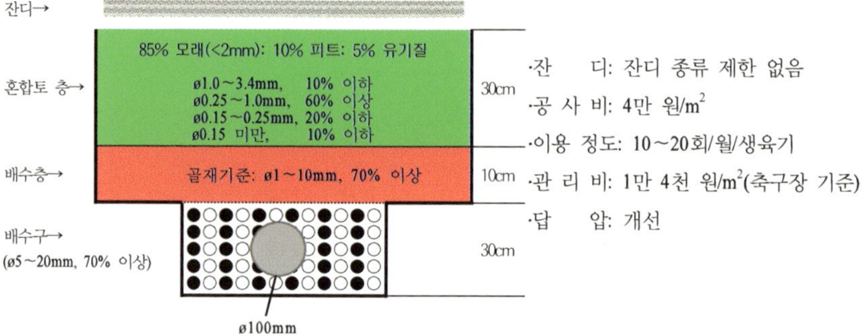

잔디→
혼합토 층→
배수층→
배수구→
(ø5~20mm, 70% 이상)
85% 모래(<2mm): 10% 피트: 5% 유기질
ø1.0~3.4mm,   10% 이하
ø0.25~1.0mm,   60% 이상
ø0.15~0.25mm, 20% 이하
ø0.15 미만,   10% 이하
골재기준: ø1~10mm, 70% 이상
30cm
10cm
30cm
ø100mm
·잔   디: 잔디 종류 제한 없음
·공 사 비: 4만 원/m²
·이용 정도: 10~20회/월/생육기
·관 리 비: 1만 4천 원/m²(축구장 기준)
·답   압: 개선

9.8. 잔디 운동장의 이용현황

9.8.1. 잠실 종합운동장(광엽형 한국잔디류인 들잔디)

년도	구 분	합 계	체육경기	이벤트	개인 연습
1997	사용일수	123	26	34	63
	이용인원	690,218	386,843	301,504	1,871
1998	사용일수	52	13	34	5
	이용인원	632,469	227,646	404,547	303
1999	사용일수	126	19	59	48
	이용인원	879,668	368,267	507,739	3,662
2000	사용일수	183	22	73	88
	이용인원	720,164	185,651	528,202	6,311
2001	사용일수	153	15	88	50
	이용인원	529,082	65,649	460,807	2,626

9.8.2. 효창 운동장(인조잔디)

년도	구 분	합계	체육경기	이벤트	개인 연습
1997	사용일수	333	166	7	160
	이용인원	71,565	52,491	12,325	6,749
1998	사용일수	278	126	7	145
	이용인원	133,177	62,006	59,419	11,752
1999	사용일수	325	147	24	154
	이용인원	107,788	57,097	44,120	6,571
2000	사용일수	358	116	49	193
	이용인원	103,703	45,959	45,010	12,734
2001	사용일수	364	135	40	189
	이용인원	121,161	46,548	56,825	17,788

9.9. 잎줄기 드레싱(LSD)과 ZN 기술의 시공비

9.9.1 잎줄기 드레싱(m^2)

구 분	규 격	단위	단 가	수 량	금 액 (원)
진우	20 L, 40L	L	1.000	1	1,000.0
중사		m³	10,500	0.005	52.5
비닐	LDPE 0.05*400*91(m	R/L	88,200	0.00302	266.4
물탱크	5,500 ℓ	hr	7,670	0.008	61.4
복합비료	21-17-17	포	7,550	0.0075	56.6
잡재료비		식	15	1	15.0
재료비 소계					1,452
보통인부		인	38,932	0.0306	1,191.3
조경공		인	55,700	0.0002	11.1
물탱크	5,500 ℓ	hr	11,569	0.008	92.6
인건비 소계					1,295
물탱크		hr	4,178	0.008	33.4
기계경비 소계					33
합 계					2,780

주) 진우 20cm*20cm 뗏장 2.75장이면 1m^2 피복가능 (0.2m*0.2m=0.04m^2*2.75장=0.11m^2)

9.9.2 Zoysia Net(m^2)

구 분	규 격	단위	단 가	수 량	금 액 (원)
네트잔디		m²	2,220	1	2,220.0
중사		m³	10,500	0.005	52.5
비닐	LDPE 0.05*400*91(mm)	R/L	88,200	0.00302	266.4
물탱크	5,500 ℓ	hr	7,670	0.008	61.4
복합비료	21-17-17	포	7,550	0.0075	56.6
잡재료비		식	15	1	15.0
재료비 소계					2,672
보통인부		인	38,932	0.0306	1,191.3
조경공		인	55,700	0.0002	11.1
물탱크	5,500 ℓ	hr	11,569	0.008	92.6
인건비 소계					1,295
물탱크		hr	4,178	0.008	33.4
기계경비 소계					33
합 계					4,000

(Samsung Everland INC. 물가정보지, 2001)

−평지 식재 기준으로 **20,000m^2** 이상 시공 시 기준 단가임
−네트잔디는 네트잔디공법을 위해 특수 제작된 잔디임
−제석, 면 정리는 보통토사를 기준으로 작성되었으며, 기존토양의 상태에 따라 별도의 할증을 적용할 수 있음
−기비 및 시비는 복합비료 **21-17-17** 기준이며, 토양의 성분에 따라 비료성분을 조정할 수 있음
−관리는 3개월 기준으로 제초 3회, 깎기는 2회 기준임
−관수는 식재 시 탱크로리를 1회 사용하는 기준이며, 관리에 필요한 관수 비용은 별도 계상 함

9.10. 잎줄기 드레싱과 기존 시공기술 비교

구분	항 목	LSD	평 떼	ZN	씨드스 프레이	비 고
생산 수확	수확 인원(100m²)	0.6명	6.0명	-	-	
	수확 후 배토, 관리	×	○	○	-	
	수확 횟수(연간)	2회	1회	1회	-	자본 회전력 높음
	수확 적기	5~8월	4~10월	4~10월	-	
상 하차 · 운반	묘종의 무게	가벼움	무거움	중간	-	작업효율 향상
	적재량(2.5톤)	6,000ℓ	500매	3,000ℓ	-	10,000m² 식재 가능
	싣고 부리기 시간(분)	10분	20분	10분	-	가벼움
	싣고 부리기 인부(인)	2인	5인	2인	2인	
시공 시기		5~8월	3~11월	3~11월		
시공 적지		남부 지역	전국	전국	1,2,3,7,8 월 제외	전국에 잎줄기 드레싱 시공을 위해 배토, 덧파종, 비닐피복 등의 작업이 필요
시공 방법(기계화율: %)		기계화 (100)	인력	기계화 (50)	기계화 (100)	
시공 면적(100m²)		2인	6.9인	5인	2인	살포인력, 트랙터 운전
시공 공정		간단	간단	복잡	간단	ZN공법은 뗏장의 흙 제거 및 포복경 펴기 작업이 추가

주) 1. 김종현. 2000년 조경공사의 적산. 보문당
    2. 시공 시기, 환경, 장소에 따라 상이할 수 있음

9.11. 한국잔디류 '건희'의 시공 사례

□ 일   시: 2002년 6월 5일
□ 대 상 지: 서울 중구 순화동 명지빌딩 주변 조경부지
□ 면   적: 500m^2
□ 시 공 법: 평 떼 식재

시공 30일 후

고품질 '건희'

9.12. 버뮤다그래스 '건우'의 시공 사례

□ 일   시: 2001년 7월 30일
□ 대 상 지: 부산 남구 용호동 시민운동장
□ 면   적: 축구장(110m×67m)
□ 시 공 법: 줄 떼 식재

식재층 조성(7월30일)

잎줄기 식재(8월3일)

활착(8월11일)

유공 비닐 덮기(8월26일)

피복과정(9월7일)

90% 피복(10월8일)

9.13. 잎줄기 드레싱 기술의 시공 사례

- □ 일   시: 2002년 8월 21일
- □ 대 상 지: 경기도 화성시 송산면 삼존리 622~13
- □ 면   적: 20,000m^2
- □ 시 공 법: 잎줄기 드레싱 기술

지반 조성 · 수확 된 잎줄기 · 잎줄기 운반 · 잎줄기 드레싱 · 로터링 · 식재 7 일후 · 식재 20일후 · 근접 사진

9.14. 운동장용 잔디 선택 시 고려사항

항목	세부항목	한지형 잔디	난지형 잔디
기후	통풍 요구도	9**	5**
	온도 요구도	2**	9**
	습도 요구도	2**	2**
	광 요구도	6**	9**
	일장 요구도	9**	9**
지붕형	개방형	9*	9*
	반쪽 지붕형	7*	5*
	돔형	3*	3*
지반시설	일반토양 적응성	4**	9**
	모래지반 요구도	9**	7**
	배수시설 요구도	9**	7**
	관수시설 요구도	9**	7**
시공	시공 비용	9**	6**
	시공 용이성	7**	7**
	종자 발아율	9**	7**
	종자 시공 안정성	9**	7**
	롤 시공	9*	9**
	롤 시공 활착속도	9***	5***
	잔디 면 조성속도	9***	6***
경기수용력	볼 구름 거리	9****	7****
	볼 구름 속도	9***	7***
	볼 바운드	8**	9**
	미끄러움	9**	6**
방송품질	시각적 효과	9*	7*
	무늬 디자인	9*	5*
	유전적 염색	9*	7*
시각적특징	견밀도	6*	9*
	탄력성	8*	9*
	균일성	9*	5*
	질감	9*	5*
	깎기 후 질감	9*	7*
기능적특징	내답압성	5*	9*
	내서성(耐暑性)	2*	9*
	내건성(耐乾性)	3*	9*
	내한성(耐寒性)	9*	9*
	내음성(耐陰性)	8*	6*
	내염성(耐鹽性)	3*	8*
	회복성 속도	9***	4***
	내침수성	5*	9*
	내마모성	4*	9*

항목	세부항목	한지형 잔디	난지형 잔디
유지관리	깎기 요구도	9**	5**
	깎기 높이 적응성	7*	4*
	비료 요구도	9**	4**
	배토 요구도	7**	7**
	수분 요구도	9**	6**
	대취 제거 요구도	5**	9**
	에어레이션 요구도	7**	5**
	병해 발생 정도	9**	4**
	충해 발생 정도	6**	7**
	관리 기술 요구도	9**	5**
	관리 비용	9**	4**
	관리 인력 요구도	9**	5**
지역별생육	평안 및 함경도	9*	5*
	서울 및 강원도	9*	7*
	경기 및 충청도	7*	7*
	경남 및 전라도	6*	9*
	경남 및 전라 고산	9*	6*
	제주도 저지대	3*	9*
	제주도 고산지대	7*	6*
계절별생육	봄~초여름	9*	6*
	여름	3*	8*
	가을~초겨울	9*	6*
	겨울	5*	1*
	녹색기간	3****	9****
	봄철 그린업 시기	9***	3***
월별생육	1 월	1*	1*
	2 월	3*	1*
	3 월	6*	3*
	4 월	9*	6*
	5 월	9*	9*
	6 월	7*	9*
	7 월	6*	9*
	8 월	3*	7*
	9 월	6*	7*
	10 월	7*	5*
	11 월	8*	3*
	12 월	6*	1*

* : 1=나쁨, 5=중간, 9=좋음
** : 1=낮음, 5=중간, 9=높음
*** : 1=늦음, 5=중간, 9=빠름
**** : 1=짧음, 5=중간, 9=길다

주) 운동장의 여건, 이용 정도 등에 따라 다양한 항목이 추가될 수 있음.

9.15. 운동장용 잔디선정 흐름도('건희', '건우'를 중심으로)

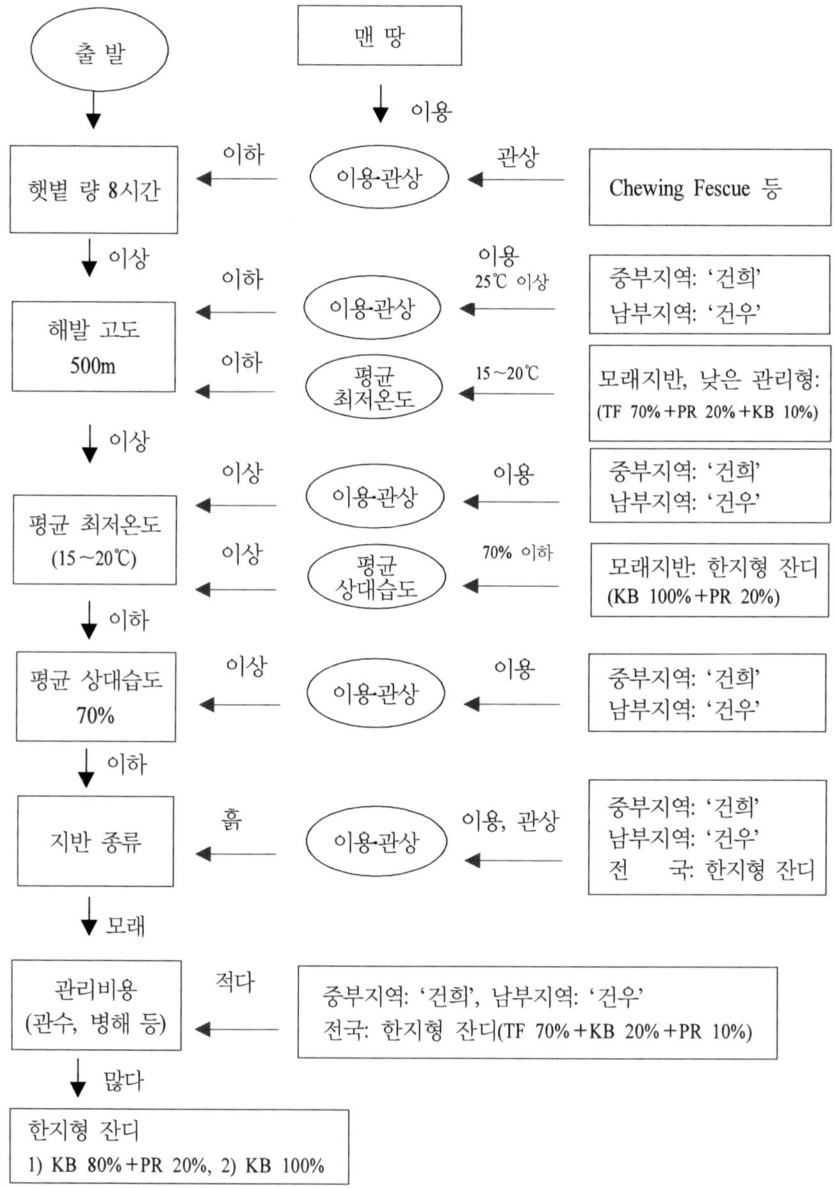

주) 한지형 잔디의 혼파 조합과 비율은 파종시기 장소, 조성기간 등에 따라 상이할 수 있음.

9.16. 잔디 운동장 평가 항목

운동장 명		조사 시기	200 년 월 일
주소(연락처)			
항 목	수 준	항 목	수 준
잔디 종류		운동장 조성 년도	년
혼파 비율		잔디 면 갱신 년도	년
혼파량	g/m^2	관리자수	명
토양 종류		이용 횟수	회/년
토양 경도	mm	운동장 사용 일	일/년
시비량	g/m^2	입장객수	명/년
시비 횟수	회/년 or 회/달	운동장 면적	가로[ ]×세로[ ] = m^2
시비 시기		보조 운동장 면적	m^2
비료 종류 N-P-K 비율	유기질 or 무기질 : :	운동장 사용 내역	
관수량	m^3	뗏장 구입처	
관수 횟수	회/주	뗏장 재배토양	
관수 시기		이용자(선수) 견해	
수원의 종류	수돗물 or 지하수	에어레이션 깊이	mm
깎기 높이	mm	에어레이션 회수	회/년
깎기 횟수	회/주	에어레이션 시기	
대취 깊이	mm	보식 면적	m^2/년
대취제거 횟수	회/2~3년	보식 방법	
대취제거 시기		보식 시기	
배토량	m^3	보파량	g/m^2
배토 횟수	회/년	보파 시기	
배토 종류		보파 잔디 종류	
잡초 종류		병충해 및 생리적 장해 종류	
잡초 발생시기		병충해 발생시기	
제초 방법	농약 or 인력	투수계수	mm/hr
살균제 종류		볼바운드	cm
살충제 종류		볼구름거리	m
제초제 종류		뿌리길이	cm
관리자 의견 (학생, 선생님)			
문제점 요약			
개선책 요약			

주) 우수한 잔디 면을 유지하고 관리하기 위한 기초 자료로 사용될 것입니다.

9.17. 잔디 운동장의 관리수준 평가 기준

항 목	일반 기준치	관리수준		평 점
지반 종류		캘리포니아 또는 USGA		9
		흙 위 모래지반		6
		흙지반		3
토양 종류		사토, 사양토, 세사 양토,		9
		양토, 미사양토, 식양토,		6
		식토		3
토양경도	산중식 경도계 (kg/cm^2)	점성토 10~23, 사질토 10~25		9
		10mm 미만		7
		점성토 23~30, 사질토 25~30		3
		30mm 이상		1
깎기 횟수	깎기 높이 (2.5~3cm)	한지형 잔디	난지형 잔디	
		1회/2일	2회/주	9
		1회/3일	1회/주	7
		1회/주	1회/2주	5
		기타	1회/4주	3
관수량		25mm 이상/1회		9
		4mm 이하/1회		3
잡초 비율		10% 미만		9
		20% 미만		6
		30% 미만		3
시비 횟수	화학비료 $(5g\ N/m^2/1회)$	1회/4주		9
		1회/6주		7
		1회/8주		5
		1회/12주		3
배토량	3mm/회	연간 5mm 이상		9
		연가 5mm 이하		6
		실시하지 않음		3
대취량	0.63~1.27cm	규정치		9
		이상		6
		미만		3

주) 1. 가시적 평가 1~9; 1＝나쁨, 9＝우수
  2. 낮은 관리형 잔디 운동장의 기본 관리수준 평가 항목이며 운동장의 여건, 이용
     정도 등에 따라 다양한 항목이 추가될 수 있음.

• 저자 •

이재필(李載必)   • 약력 •
건국대 원예학과 학사
건국대 대학원 원예학과 석사
건국대 대학원 원예과학과 박사
건국대 동물자원연구센타 연구원
미국 아이오와 주립대 원예학과 방문학자
한국잔디학회 사무국장
KV바이오(주) 잔디사업부 팀장
건국대 농축대학원 골프장잔디전공 겸임교수

• 저서 •
골프장: 『골프장 설계, 시공, 관리 및 경영』(공저)
축구장: 『녹색 천연 잔디 운동장 조성 및 관리 매뉴얼』(공저)
정   원: 『녹색 잔디가꾸기-월별 잔디관리 요령』(공저)

• 연락처 •
전   화: 02-453-3786, 011-9178-3654
전자메일: jplee1100@hanmail.net
홈페이지: www.imjandi.co.kr

● 잔디 운동장 조성을 위한 신품종 개발과 시공기술

• 초판 인쇄   2006년 4월 10일
• 초판 발행   2006년 4월 10일

• 지 은 이   이재필
• 펴 낸 이   채종준
• 펴 낸 곳   한국학술정보㈜
경기도 파주시 교하읍 문발리 526-2
파주출판문화정보산업단지
전화   031) 908-3181(대표) · 팩스   031) 908-3189
홈페이지   http://www.kstudy.com
e-mail(e-Book사업부)   ebook@kstudy.com
• 등   록   제일산-115호(2000. 6. 19)
• 가   격   30,000원

ISBN   89-534-4494-2 93480   (Paper Book)
89-534-4495-0 98480   (e-Book)